高等职业教育教材

环境监测技术

Environmental
Monitoring
Technology

季宏祥　主编

温　泉　主审

化学工业出版社

·北京·

内 容 简 介

《环境监测技术》为高等职业教育教材，是根据高职高专环境类相关专业课程标准要求编写的，注重培养学生的综合素质和职业能力。全书共分为四个项目，分别为水和污水监测、大气和废气监测、土壤污染监测、噪声污染监测。教材采用项目-任务式的编写形式，任务的选取与岗位运行方法同步，能够做到与实际岗位无缝衔接。

本书可作为高等职业教育环境保护类、工业分析类、生物类等专业的教材，同时还可供从事环境保护类工作的技术人员参考使用。

图书在版编目（CIP）数据

环境监测技术 / 季宏祥主编. --北京：化学工业出版社, 2025. 6. -- (高等职业教育教材). -- ISBN 978-7-122-47815-3

Ⅰ. X83

中国国家版本馆 CIP 数据核字第 20251CK296 号

责任编辑：周家羽　李仙华　　　　　　　　装帧设计：史利平

责任校对：王鹏飞

出版发行：化学工业出版社（北京市东城区青年湖南街 13 号　邮政编码 100011）

印　　装：中煤（北京）印务有限公司

787mm×1092mm　1/16　印张 11¾　字数 288 千字

2025 年 8 月北京第 1 版第 1 次印刷

购书咨询：010-64518888　　　　　　　　售后服务：010-64518899

网　　址：http://www.cip.com.cn

凡购买本书，如有缺损质量问题，本社销售中心负责调换。

定　　价：48.00 元　　　　　　　　　　　版权所有　违者必究

前·言

党的二十大报告提出"江山就是人民，人民就是江山"的理念，表明生态环境保护服务于人民的初心。要坚持环保为民，持续提升人民群众生态环境获得感、幸福感、安全感。环境监测是生态环境管理和生态文明建设的重要基础，要确保环境监测数据的"真""准""全"，为环境管理做好服务，帮助发现并解决突出环境问题。环境监测要助力"站在人与自然和谐共生的高度谋划发展"的新定位，要积极融入经济、科技、政治、法治、文化、安全、党建等各方面工作。

《环境监测技术》是高职院校环境监测与治理技术专业一门重要的专业核心课程。本教材结合环境监测岗位任务、监测项目和监测方法，依据高职教育培养目标编写而成。教材打破了传统教材学科体系的构建模式，按照"行动导向，工学结合，理实一体"的教学理念重组教材结构；按照工学结合、理论够用为度、突出实效的原则编写内容，建立以职业能力、职业素质培养为目标，以行动为导向，以工作任务为核心，以学生为主体，以真实职业活动情境为载体，以实训为手段的内容体系。教材内容根据专业培养目标，依据职业岗位所应具备的知识与能力进行设置，以职业技术技能为主干，理论服务于技术培养，切实加大实践内容的比重。全书共分四个教学情境，包括水和污水监测、大气和废气监测、土壤污染监测、噪声污染监测。另附知识链接等内容。

本教材具有如下特点：

（1）采用活页式的方式，各部分内容之间具有一定的相对独立性。教师在授课过程中可根据学生情况和软硬件水平方便地选择、组合合适的部分进行教学；学生可以在活页上写下操作计划、记录操作结果，可以比较方便地在组内传阅、讨论、互评，以及上交给授课教师审阅、评改，具有灵活性、实用性。

（2）采用项目-任务式的编写结构，充分体现"做中学、学中做、理实一体"的教学新模式。嵌入学习目标，明确学习要求和知识点；内含任务实践与知识链接部分，强化理实结合，突出实践应用。各项目均设测试题，以便检验学习效果。

本教材的项目一、项目二由辽宁石化职业技术学院季宏祥编写，项目三由辽宁石化职业技术学院唐亮编写，项目四由辽宁石化职业技术学院顾婉娜编写，全书由辽宁石化职业技术学院温泉主审。

由于编者水平有限，不足之处在所难免，衷心希望同行和读者批评、指正。

编者
2025 年 3 月

目·录

项目一

水和污水监测

学习目标

知识目标

1. 了解水体污染的现状；
2. 掌握水体监测的对象和目的；
3. 了解水体监测方法；
4. 掌握水体监测的监测项目；
5. 掌握水体物理性质的监测方法；
6. 掌握水体中金属化合物的监测方法；
7. 掌握水体中非金属无机物的监测方法；
8. 掌握水体中有机化合物的监测方法；
9. 了解水体污染的生物监测方法；
10. 了解水体的底质监测方法。

能力目标

1. 能够安全准确地进行现场采样；
2. 能采用适当的方法对样品进行处理分析；
3. 能正确处理实验数据并完成环境监测报告；
4. 能熟练使用环境监测岗位常用仪器；
5. 掌握水样的采集、保存和预处理方法和操作；
6. 具有对城镇和工矿企业的给排水和"三废"排放监测、评价的初步能力，具有对"三废"所造成污染的预防和治理的基本知识与初步评价能力。

素质目标

1. 具有较强的责任意识和一丝不苟的工作态度；
2. 具有团队意识和相互协作精神；
3. 具有一定的语言表达能力、沟通能力、人际交往能力；
4. 具有事故保护和工作安全意识；
5. 建立实事求是的科学态度；

6. 具有较高的职业素养和职业道德。

✖ 情境导入

环境监测就是运用现代科学技术手段对代表环境污染和环境质量的各种环境要素(环境污染物)的监视、监控和测定,从而科学评价环境质量及其变化趋势的操作过程。

环境监测是环境保护的"眼睛",其目的是客观、全面、及时、准确地反映环境质量现状及发展变化趋势,为环境保护、环境管理、环境规划、污染源控制、环境评价提供科学依据,主要有以下几点。

① 与环境质量标准比较,评价环境质量优劣。

② 根据掌握的污染物分布和浓度、污染速度和发展趋势以及影响程度,追踪污染源,确定控制和防治方法,评价保护措施的效果。

③ 根据长期积累的数据和资料,为研究环境容量、实施总量控制、目标管理、预测环境质量提供依据。

④ 为保护人类健康、合理使用自然资源、改善人类环境而制定和修改环境法规、环境质量标准等服务。

⑤ 为环境科学的研究提供基础数据。

假设实验室为某个环境监测站,教师为监测站站长,每个学生为环境监测站员工,现在对辖区内的河流和各大企业排污口采集的水样,以及辖区内大气采样点的大气样品进行例行监测,对水体和大气的各个指标进行分析,并书写环境监测报告。

引领任务	拓展任务
任务一　水体中溶解氧含量的测定	任务五　水体浊度的测定
任务二　水体中氨氮含量的测定	任务六　水体中磷酸盐含量的测定
任务三　水体中六价铬含量的测定	任务七　水体中汞含量的测定
任务四　水体中化学需氧量的测定	任务八　水体中铅含量的测定

【导论】　　　　　　　水体监测概述

一、水体污染

1. 水的存在

地球表面约 3/4 被水覆盖,水资源广泛分布于海洋、江、河、湖、地下、大气、冰川等。其中海水占 97.3%,淡水占 2.7%,可被利用的淡水不足水资源总量的 1%。人类对水资源的需求量很大,工农业生产对水资源的需求量更大。我国是一个水资源较为贫乏的国家,而且分布相对不均匀,节约用水及保护水资源是公民的责任和义务。

2. 水体污染

水体污染是由于人类的生产和生活，将大量的工业废水、生活污水及其他废物未经处理排入水体，使排入水体的污染物含量超过了一定程度，水体受到损害直至恶化，水体的物理、化学性质和生物群落生态平衡发生变化，破坏了水体功能，降低水体的使用价值。

二、水体监测对象和目的

1. 水体监测对象

水体监测分为环境水体监测和水污染源监测。环境水体包括地表水（江、河、湖、库、海水）和地下水；水污染源包括生活污水和各种工业废水。

2. 水体监测目的

① 对进入江、河、湖、库、海洋等地表水体的污染物质及渗透到地下水中的污染物质进行经常性的监测，以掌握水质现状及其发展趋势。

② 对生产过程、生活设施及其他排放源排放的各类污水进行监视性监测，为污染源管理和排污收费提供依据。

③ 对水环境污染事故进行应急监测，为分析判断事故原因、危害及采取对策提供依据。

④ 为国家政府部门制定环境保护法规、标准和规划，全面开展环境保护管理工作提供有关数据和资料。

⑤ 为开展水环境质量评价、预测预报及进行环境科学研究提供基础数据和方法。

三、水体监测方法

1. 选择监测方法的原则

① 方法的灵敏度能满足定量要求；

② 方法经过科学论证成熟、准确；

③ 操作简便，易于推广普及；

④ 选择性好。

2. 监测方法类别

根据选择监测方法的原则，力求使监测资料数据具有可比性，以大量实验、实践为基础，对各类水体中的污染物都编制了相应分析方法。

（1）国家标准分析方法　是指由国家编制的包括采样在内的、经典且准确度较高的标准分析方法。环境监测必须采用的方法，也用于纠纷仲裁以及评价其他监测方法的基准。

（2）统一分析方法　是指在实际监测过程中，有些项目急需测定，但方法尚不成熟，经过研究作为统一方法予以推广，在使用中积累经验，不断完善，逐步成为国家标准分析方法。

（3）等效方法　是指与国家标准分析方法和统一分析方法的灵敏度、准确度具有可比性的分析方法。鼓励监测单位采用新技术、新仪器形成新方法，推动监测技术水平提高。新方法必须经过方法验证和对比实验，证明与国家标准分析方法和统一分析方法等效才能使用。

3. 常用监测方法

按照监测方法的原理，水体监测常用的方法有化学分析法（如称量法、滴定分析法）和仪器分析法（如分光光度法、原子吸收分光光度法、气相色谱法、液相色谱法、离子色谱法、多机联用技术等）。常用水体监测方法和测定项目见表 1-1。

表 1-1 常用水体监测方法和测定项目

方法	测定项目
重量法	SS、可滤残渣、矿化度、油类、SO_4^{2-}、Cl^-、Ca^{2+}等
容量法	酸度、碱度、CO_2、DO、总硬度、Ca^{2+}、Mg^{2+}、氨氮、Cl^-、F^-、CN^-、SO_4^{2-}、S^{2-}、Cl^-、COD、BOD_5、挥发酚等
分光光度法	Ag、Al、As、Be、Bi、Ba、Cd、Co、Cr、Cu、Hg、Mn、Ni、Pb、Sb、Se、Th、U、Zn、氨氮、NO_2-N、NO_3-N、凯氏氮、PO_4^{3-}、F^-、Cl^-、C、S^{2-}、SO_4^{2-}、BO_3^{2-}、SiO_3^{2-}、Cl_2、挥发酚、甲醛、三氯乙醛、苯胺类、硝基苯类、阴离子洗涤剂等
荧光分光光度法	Se、Be、U、油、BaP 等
原子分光光度法	Ag、Al、Ba、Be、Bi、Ca、Cd、Co、Cr、Cu、Fe、Hg、K、Na、Mg、Mn、Ni、Pb、Sb、Se、Sn、Te、Tl、Zn 等
氢化物及冷原子吸收法	As、Sb、Bi、Ge、Sn、Pb、Se、Te、Hg
原子荧光法	As、Sb、Bi、Se、Hg
火焰光度法	Li、Ni、K、Sr、Ba 等
电极法	Eh、pH、DO、F^-、Cl^-、CN^-、S^{2-}、NO_3^-、K^+、Na^+、NH_4^+等
离子色谱法	F^-、Cl^-、Br^-、NO_2^-、NO_3^-、SO_3^{2-}、SO_4^{2-}、$H_2PO_4^-$、K^+、Na^+、NH_4^+等
气相色谱法	Be、Se 苯系物挥发性卤代烃、氯苯类、六六六、DDT、有机磷农药类、三氯乙醛、PCB 等
液相色谱法	多环芳烃类
ICP-AES	用于水中金属元素、污染重金属元素以及底质中多种元素的同时测定

四、水体监测项目

水体监测项目根据监测的目的和监测站的职能，对物理指标、化学指标、生物指标等进行监测。根据我国《水环境监测规范》（SL 219—2013）分别规定测定项目如下。

1. 地表水监测项目

地表水监测项目见表 1-2。

表 1-2 地表水监测项目

水源	必测项目	选测项目
河流	水温、pH 值、悬浮物、总硬度、电导率、溶解氧、化学需氧量、氨氮、亚硝酸盐氮、硝酸盐氮、BOD_5、挥发酚、氰化物、砷、汞、六价铬、铅、镉、石油类等	硫化物、氟化物、氯化物、有机氯农药、有机磷农药、总铬、铜、锌、大肠杆菌、铀、镭、钍等
饮用水源地	水温、pH、浊度、总硬度、DO、COD、BOD、氨氮、亚硝酸盐氮、硝酸盐氮、挥发酚、氰化物、砷、汞、六价铬、铅、镉、氟化物、细菌总数、大肠杆菌数等	铜、锌、锰、阴离子洗涤剂、硒、石油类、有机氯农药、有机磷农药、硫酸盐、碳酸盐等
湖泊、水库	水温、pH、SS、DO、总硬度、透明度、总氮、总磷、COD、BOD、挥发酚、氰化物、砷、汞、六价铬、铅、镉等	钾、钠、藻类、悬浮藻、可溶性固体总量、大肠杆菌数等
底泥	砷、汞、铬、镉、铅、铜等	硫化物、有机氯农药、有机磷农药等

2. 工业污水监测项目

工业污水监测项目见表 1-3。

表 1-3 工业污水监测项目

类别		监测项目
黑色金属矿山（包磁铁、赤铁矿、锰矿等）		pH、悬浮物、硫化物、铜、铅、锌、镉、汞、六价铬等
黑色冶金（包括选矿、烧结、炼焦、炼铁、炼钢等）		pH、悬浮物、化学需氧量、硫化物、氟化物、挥发酚、氰化物、石油类、铜、铅、锌、砷、镉、汞等
选矿药剂		化学需氧量、生化需氧量、悬浮物、硫化物、挥发酚等
有色金属矿山及冶炼（包括选矿、烧结、冶炼、电解、精炼等）		pH、悬浮物、化学需氧量、硫化物、氟化物、挥发酚、铜、铅、锌、砷、镉、汞、六价铬等
火力发电、热电		pH、悬浮物、硫化物、砷、铅、镉、挥发酚、石油类、水温等
煤矿（包括洗煤）		pH、悬浮物、砷、硫化物等
焦化		化学需氧量、生化需氧量、悬浮物、硫化物、挥发酚、石油类、氰化物、氨氮、苯类、多环芳烃、水温等
石油开发		pH、化学需氧量、生化需氧量、悬浮物、硫化物、挥发酚、石油类等
石油炼制		pH、化学需氧量、生化需氧量、悬浮物、硫化物、挥发酚、氰化物、石油类、苯类、多环芳烃等
化学矿开采	硫铁矿	pH、悬浮物、硫化物、砷、铜、铅、锌、镉、汞、六价铬等
	雄黄矿	pH、悬浮物、硫化物、砷等
	磷矿	pH、悬浮物、氟化物、硫化物、砷、铅、磷等
	萤石矿	pH、悬浮物、氟化物等
	汞矿	pH、悬浮物、硫化物、砷、汞等
无机原料	硫酸	pH（或酸度）、悬浮物、硫化物、氟化物、铜、铅、锌、镉、砷等
	氯碱	pH（或酸、碱度）、化学需氧量、悬浮物、汞等
	铬盐	pH（或酸度）、总铬、六价铬等
有机原料		pH（或酸、碱度）、化学需氧量、生化需氧量、悬浮物、挥发酚、氰化物、苯类、硝基苯类、有机氯等
化肥	磷肥	pH（或酸度）、化学需氧量、悬浮物、氟化物、砷、磷等
	氮肥	化学需氧量、生化需氧量、挥发酚、氰化物、硫化物、砷等
橡胶	合成橡胶	pH（或酸、碱度）、化学需氧量、生化需氧量、石油类、铜、锌、六价铬、多环芳烃等
	橡胶加工	化学需氧量、生化需氧量、硫化物、六价铬、石油类、苯、多环芳烃等
塑料		化学需氧量、生化需氧量、硫化物、氰化物、铬、砷、汞、石油类、有机氯、苯类、多环芳烃等
化纤		pH、化学需氧量、生化需氧量、悬浮物、铜、锌、石油类等
农药		pH、化学需氧量、生化需氧量、悬浮物、硫化物、挥发酚、砷、有机氯、有机磷等
制药		pH（或酸、碱度）、化学需氧量、生化需氧量、石油类、硝基苯类、硝基酚类、苯胺类等
染料		pH（或酸、碱度）、化学需氧量、生化需氧量、悬浮物、挥发酚、硫化物、苯胺类、硝基苯类等
颜料		pH、化学需氧量、悬浮物、硫化物、汞、六价铬、铅、镉、砷、锌、石油类等
油漆		化学需氧量、生化需氧量、挥发酚、石油类、氰化物、镉、铅、六价铬、苯类、硝基苯类等
其他有机化工		pH（或酸、碱度）、化学需氧量、生化需氧量、挥发酚、石油类、氰化物、硝基苯类等
合成脂肪酸		pH、化学需氧量、生化需氧量、油、锰、悬浮物等
合成洗涤剂		化学需氧量、生化需氧量、油、苯类、表面活性剂等

类别	监测项目
机械制造	化学需氧量、悬浮物、挥发酚、石油类、铅、氰化物等
电镀	pH（或酸度）、氯化物、六价铬、铜、锌、镍、镉、锡等
电子、仪器、仪表	pH（或酸度）、化学需氧量、苯类、氰化物、六价铬、汞、镉、铅等
水泥	pH、悬浮物等
玻璃、玻璃纤维	pH、悬浮物、化学需氧量、挥发酚、氰化物、砷、铅等
油毡	化学需氧量、石油类、挥发酚等
石棉制品	pH、悬浮物、石棉等
陶瓷制品	pH、化学需氧量、铅、镉等
人造板、木材加工	pH（或酸、碱度）、化学需氧量、生化需氧量、悬浮物、挥发酚等
食品	pH、化学需氧量、生化需氧量、悬浮物、挥发酚、氨氮等
纺织、印染	pH、化学需氧量、生化需氧量、悬浮物、挥发酚、硫化物、苯胺类、色度、六价铬等
造纸	pH（或碱度）、化学需氧量、生化需氧量、悬浮物、挥发酚、硫化物、铅、汞、木质素、色度等
皮革及皮革加工	pH、化学需氧量、生化需氧量、悬浮物、硫化物、氯化物、总铬、六价铬、色度等
电池	pH（或酸度）、铅、锌、汞、镉等
火工	铅、汞、硝基苯类、硫化物、锶、铜等
绝缘材料	化学需氧量、生化需氧量、挥发酚等

3. 生活污水监测项目

COD、BOD、悬浮物、氨氮、总氮、总磷、阴离子洗涤剂、细菌总数、大肠杆菌数等。

4. 医院污水监测项目

pH 值、色度、浊度、悬浮物、余氯、COD、BOD、致病菌、细菌总数、大肠杆菌数等。

五、水样的采集、保存和预处理

水体监测没有必要对全部水体进行测定，为了使测定用水正确反映水体的水质状况，且具有代表性，必须控制好下列诸多关键环节：采样前的现场调查研究和资料收集，监测断面和采样点的布设，采样时间和采样频率的确定，采样器和采样方法的选择，水样的保存、运输和预处理等。

（一）采样前的准备

从水体中取出的反映水体水质状况的水就是水样，将水样从水体中分离出来的过程就是采样，采样地点的选择和监测网点的建立就是布点。

1. 采样前的准备

采样前应提出采样计划，确定采样断面、垂线和采样点，采样时间和路线，人员分工，采样器材，样品的保存和交通工具等。

（1）容器的准备 通常使用的容器有聚乙烯塑料容器和硬质玻璃容器。塑料容器常用于金属和无机物的监测项目，玻璃容器常用于有机物和生物等的监测项目，惰性材料常用于特殊监测项目。这样分类的目的是避免引入干扰成分，因为各类材质与水样发生如下作用。

① 容器材质可溶于水样，如从塑料容器溶解下来的有机质和从玻璃容器溶解下来的钠、

硅和硼。

② 容器材质可吸附水样中某些组分，如玻璃吸附痕量金属，塑料吸附有机质和痕量金属。

③ 水样与容器直接发生化学反应，如水样中的氟化物与玻璃容器间的反应等。

容器在使用前必须经过洗涤。盛装测金属类水样的容器，先用洗涤剂清洗、自来水冲洗，再用10%的盐酸或硝酸浸泡8小时，用自来水冲洗，最后用蒸馏水清洗干净；盛装测有机物水样的容器，先用洗涤剂冲洗，再用自来水冲洗，最后用蒸馏水清洗干净。

（2）采样器的准备　采样器与水样接触材质常采用聚乙烯塑料、有机玻璃、硬质玻璃和金属铜、铁等。清洗时，先用自来水冲去灰尘等杂物，用洗涤剂去除油污，自来水冲洗后，用10%盐酸或硝酸洗涮，再用自来水冲洗干净备用。

（3）交通工具的准备　最好有专用的监测船和采样船，或其他适合船只，根据交通条件准备合适的陆上交通工具。

2. 采样量

采样量与监测方法和水样组成、性质、污染物浓度有关。按照监测项目计算后，再适当增加20%～30%作为实际采样量。供一般物理与化学监测用的水样约2～31个，待测项目很多时采集5～101个，充分混合后分装于1～21个贮样瓶中。采集的水样除一部分作监测，还要保存一部分备用。正常浓度水样的采集量（不包括平行样和质控样）见表1-4。

表1-4　水样采集量

监测项目	水样采集量/mL	监测项目	水样采集量/mL	监测项目	水样采集量/mL
悬浮物	100	氯化物	50	溴化物	100
色度	50	金属	1000	碘化物	100
嗅	200	铬	100	氰化物	500
浊度	100	硬度	100	硫酸盐	50
pH	50	酸度、碱度	100	硫化物	250
电导率	100	溶解氧	300	COD	100
凯氏氮	500	氨氮	400	苯胺类	200
硝酸盐氮	100	BOD_5	1000	硝基苯	100
亚硝酸盐氮	50	油	1000	砷	100
磷酸盐	50	有机氯农药	2000	显影剂类	100
氟化物	300	酚	1000		

（二）地表水的采集

地表水即地球表面上的水，如海洋、河流、湖泊、水库、沟渠中的水。地表水采集过程如下。

1. 收集资料、调查研究

在采集水样之前，应尽可能完备地收集待监测水体及所在区域的有关资料，主要包括以下几类。

① 水体的水文、气候、地质和地貌特征。如水位、水量、流速及流向的变化，降雨量、蒸发量及历史上的水情，河流的宽度、深度、河床结构及地质状况，湖泊沉积物的特性、间温层的分布、等深线等。

② 水体沿岸城市分布、污染源分布及其排污情况、城市给排水情况等。

③ 水体沿岸的资源现状和水资源的用途，饮用水源分布和重点水源保护区，水体流域土地功能及近期使用计划等。

④ 历年的水质监测资料等。

2. 监测断面的设置原则

在对调查研究结果和有关资料进行综合分析的基础上，根据监测目的和监测项目，并考虑人力、物力等因素确定监测断面，同时还要考虑实际采样时的可行性和方便性。在水域的下列位置应设置监测断面。

① 有大量污水排入河流的主要居民区、工业区的上游和下游。

② 湖泊、水库、河口的主要入口和出口，河流的入海口处。

③ 城市饮用水源区、水资源集中的水域、主要风景游览区、水上娱乐区及重大水利设施所在地等功能区。

④ 较大支流汇合口上游和汇合后与干流充分混合处、入海河流的河口处、受潮汐影响的河段和严重水土流失区。

⑤ 断面位置应避开死水区、回水区、排污口处，尽量选择顺直河段、河床稳定、水流平稳、水面宽阔、无急流、无浅滩处。

⑥ 国际河流出入国境线的出入口处。

⑦ 应尽可能与水文测量断面重合，实现水质监测与水量监测的结合，并要交通方便、有明显岸边标志。监测断面和采样点位置确定后，如果岸边无明显的天然标志，应立即设置标志物如竖石柱、打木桩等。每次采样时以标志物为准，在同一点位上采样，以保证样品的代表性和可比性。

监测断面的数量设置，应根据掌握水环境质量状况的实际需要，在考虑到对污染物时空分布和变化规律的了解、优化的基础上，以最少的断面、垂线和测点设置代表性最好的监测断面。

3. 监测断面的设置

（1）河流监测断面的设置　对于江、河水系或其中某一河段，常设置三种断面，即对照断面、控制断面和消减断面。河流监测断面典型设置示意图，如图1-1所示。

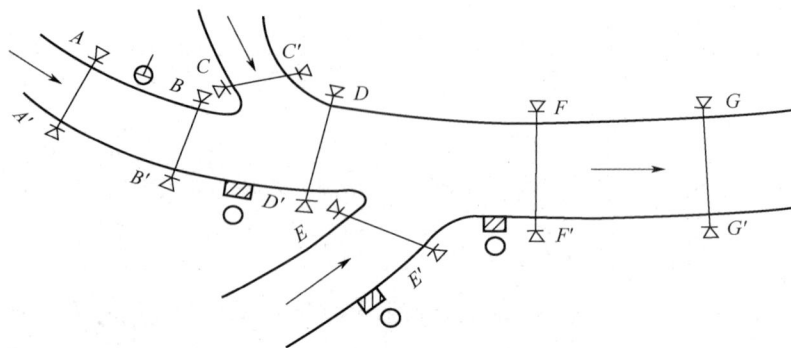

图 1-1　河流监测断面设置示意图

→—水流方向；⊕—自来水厂取水点；○—污染源；▨—排污口；
A-A'—对照断面；G-G'—消减断面；B-B'、C-C'、D-D'、E-E'、F-F'—控制断面

① 对照断面。为水体中污染物监测及污染程度提供参比、对照而设置，能够了解流入监测河段前的水体水质状况。因此这种断面应设在河流进入城市或工业区以前的地方，避开各种污水的流入或回流处。一般一个河段只设一个对照断面，有主要支流时可酌情增加。

对一个水系或一条较长河流的完整水体进行污染监测时需要设置背景断面，一般设置在河流上游或接近河流源头处，未受或少受人类活动影响处，这样可获得河流背景值。

② 控制断面。常称污染监测断面，表明河流污染状况与变化趋势，与对照断面比较即可了解河流污染现状。控制断面的数目按河段被污染情况、排污口分布、城市工业分布情况而定。控制断面一般设在排污口下游 500～1000m 处，因为在排污口污染带下游 500m 横断面的 1/2 宽度处，重金属的浓度出现高峰值。

③ 消减断面。表明河流被污染后，经过河流水体自净作用后的结果。常选择污染物明显下降，其左、中、右三点浓度差异较小的断面，距城市或工业区最后一个排污口下游 1500m 以外的河段上。

（2）湖泊水库的断面设置　湖泊、水库监测断面设置前，应先判断湖泊、水库是单一水体还是复杂水体，考虑汇入湖、库的河流数量、水体径流量、季节变化及动态变化、沿岸污染源分布等，按以下原则设置监测断面，如图 1-2 所示。

① 在进出湖、库的河流汇合处设监测断面。

② 以功能区为中心在其辐射线上设置弧形监测断面。

③ 在湖库中心，深、浅水区，滞流区，不同鱼类的洄游产卵区，水生生物经济区等区域设置监测断面。

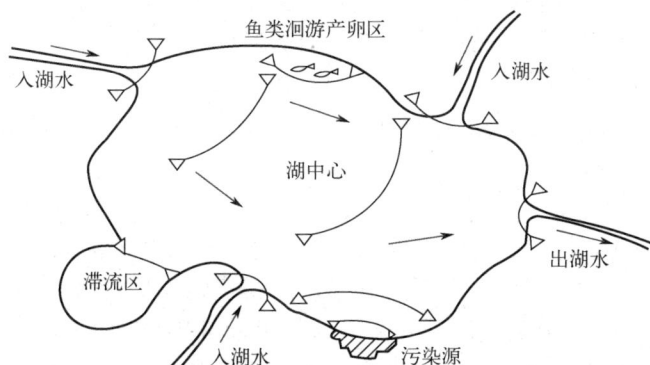

图 1-2　湖、库监测断面设置示意图（△〜△为监测断面）

4. 采样点的布设

在设置监测断面后，应先根据水面宽度确定断面上的采样垂线，再根据采样垂线深度确定采样点的数目和位置。采样垂线和采样点的设置，如图 1-3 所示。

（1）采样垂线　一般是当河面水宽小于 50m 时，设一条中泓垂线；水宽 50～100m 时，在左右近岸有明显水流处各设一条垂线；水宽 100～1000m 时，设左、中、右三条垂线；水宽大于 1500m 时至少设 5 条等距离垂线。

（2）采样点的位置和数目　每一条垂线上，当水深小于或等于 5m 时，只在水面下 0.3～0.5m 处设一个采样点；水深 5～10m 时，在水面下 0.3～0.5m 处和河底上 0.5m 处各设一个采样点；水深 10～50m 时，要设三个采样点，水面下 0.3～0.5m 处一点，河底以上约 0.5m 处一点，1/2 水深处一点；水深超过 50m 时，应酌情增加采样点数。

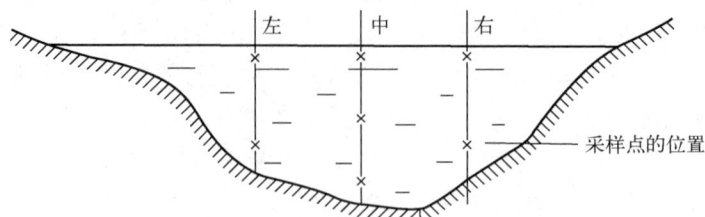

图 1-3　采样垂线和采样点的设置

湖、库采样点位与河流相同，需注意有些指标随水深而变化，如水温和溶解氧等。

5. 采样时间和采样频率

① 对较大水系干流和中小河流，全年采样至少 6 次，采样时间为丰、枯和平水期，每期采样 2 次。

② 流经城市工业区、污染较严重的河流、游览水域、饮用水源地等全年采样不少于 12 次，采样时间为每月 1 次。

③ 潮汐河流全年采样 3 次，丰、平、枯水期各 1 次，每次采样两天，分别在大潮期和小潮期进行，每次应采集当天涨、退潮水样并分别测定。

④ 湖泊、水库全年采样 2 次，枯、丰水期各 1 次。若设有专门监测站，全年采样不少于 12 次，每月采样 1 次。

⑤ 要了解一天或几天内水质变化，可以在一天（24h）内按一定时间间隔或三天内（72h）分不同等份时间进行采样。遇到特殊情况时，增加采样次数。

⑥ 背景断面每年采样 1 次。

⑦ 遇有特殊自然情况，或发生污染事故时，要随时增加采样频率。

6. 采样方法和采样器

（1）采样方法

① 船只采样。适用于一般河流和水库采样。利用船只到指定地点，用采样器采集一定深度的水样。此法灵活，但采样地点不易固定，所得资料可比性较差。

② 桥梁采样。适用于频繁采样，并能横向、纵向准确控制采样点位置，尽量利用现有桥梁，勿影响交通。此法安全、可靠、方便，不受天气和洪水影响。

③ 涉水采样。适用于较浅的小河和靠近岸边水浅的采样点。采样时，避免搅动沉积物，采样者应站在下游，向上游方向采集水样。

（2）采样器

① 水桶、瓶子。适用于采集表层水样。一般用水样冲洗水桶、瓶子 2～3 次。将其沉至水面下 0.3～0.5m 处采集，去除水面漂浮物。

② 单层采水器。适用于采集水流平缓的深层水样。单层采水器是一个装在金属框内用绳索吊起的玻璃瓶，框底有铅块，以增加重量，瓶口配塞，以绳索系牢，绳上标有高度，将采水瓶降落到预定的深度，然后将细绳上提，把瓶塞打开，水样便充满水瓶，如图 1-4 所示。

③ 急流采水器。适用于采集水流急、流量较大的水样。采集水样时，打开铁框的铁栏，将样瓶用橡胶塞塞紧，再把铁栏扣紧，然后沿船身垂直方向伸入水深处，打开钢管上部橡胶

管的夹子，水样便从橡胶塞的长玻璃管流入样瓶中，瓶内空气由短玻璃管沿橡胶管排出，如图 1-5 所示。

④ 双层采样器。适用于采集测定溶解性气体的水样。将采样器沉入要求水深处后，打开上部的橡胶管夹，水样进入小瓶并将空气驱入大瓶，从连接大瓶的短玻璃管排出，直到大瓶中充满水样，提出水面后迅速密封，如图 1-6 所示。

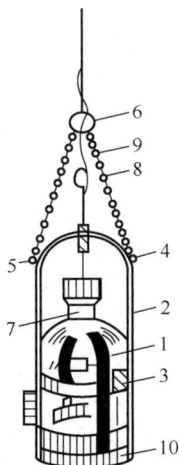

图 1-4　单层采水器
1—水样瓶；2,3—采水瓶架；4,5—平
衡控制挂钩；6—固定采水瓶绳的挂钩；
7—瓶塞；8—采水瓶绳；9—开瓶
塞的软绳；10—铅锤

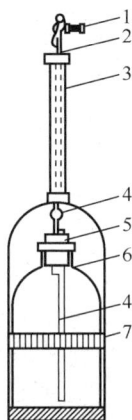

图 1-5　急流采水器
1—夹子；2—橡胶管；3—钢管；
4—玻璃管；5—橡胶塞；6—玻璃
取样瓶；7—铁框

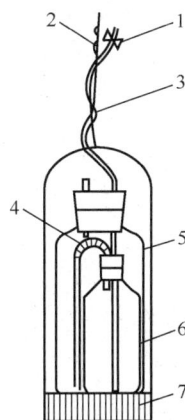

图 1-6　双层采样器
1—夹子；2—绳子；3—橡胶管；
4—塑料管；5—大瓶；6—小瓶；
7—带重锤的夹子

⑤ 泵式采水装置。属于机械式的装置。它由抽吸泵（常用的是真空泵）、采样瓶、安全瓶、采水管等部件构成。采水管的进水口固定在带有铅锤的链子或钢丝绳上，到达预定水层后，用泵抽吸水样。泵式采水装置可用于多种监测项目的样品采集，如图 1-7 所示。

⑥ 固定式自动采水装置。这种采水装置是指固定在采样点进行自动采水的装置。在一定位置上设置一个水泵，水样过滤后输入高位槽，过多的水样通过溢流排水管返回水体。高位槽内的试样水以一定时间间隔注入试样容器。为防止管路系统堵塞，应时常用自来水或超声波清洗器将其洗净。采水装置的整套流程都通过自动程序控制器予以控制，如图 1-8 所示。测定金属、油类、溶解氧、硫化物、pH 值、水生生物等项目的样品不宜用自动采水装置采样。

⑦ 比例组合式自动采水装置。是指采水装置在固定采样点、不同时间内，按水的流量比例确定各份水样量，注入采样容器后，得到一份混合水样，如图 1-9 所示。

⑧ 其他采水器。还有直立式采水器、塑料手摇泵采水器、电动采水器以及连续自动定时采水器等。

7. 水样类型

（1）瞬时水样　是指在某一时间和地点从水体中随机采集的分散水样。当水体水质稳定，或其组分在相当长的时间或相当大的空间范围内变化不大时，瞬时水样具有很好的代表性；当水体组分及含量随时间和空间变化时，就应隔时、多点采集瞬时水样，分别进行分析，摸清水质的变化规律。

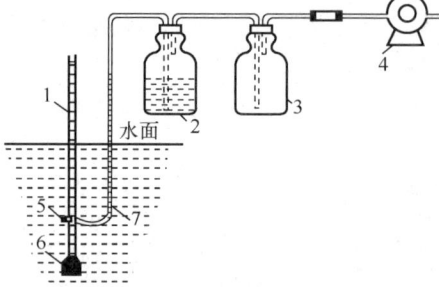

图 1-7　泵式采水装置

1—细绳；2—采样瓶；3—安全瓶；4—真空泵；
5—进水口；6—铅锤；7—聚氯乙烯软管

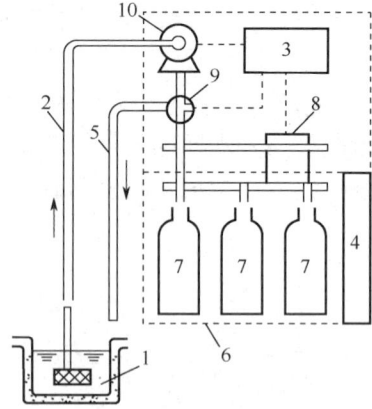

图 1-8　固定式自动采水装置

1—滤网；2—采水管；3—高位槽（自控单元）；
4—冷却单元；5—溢流管；6—储样室；7—水样瓶；
8—水流切换器；9—水流切换阀；10—采水泵

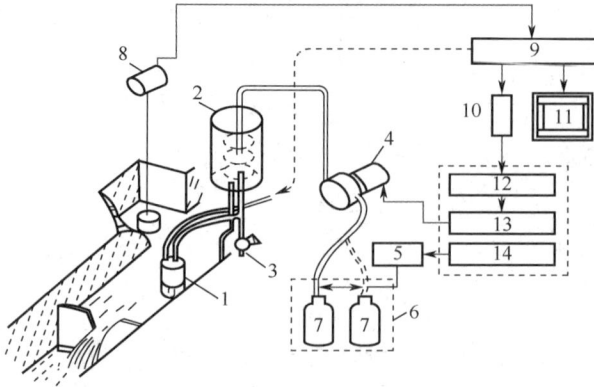

图 1-9　比例组合式自动采水装置

1—采水泵；2—溢流槽；3—排水管；4—管式泵；5—流量切换器；6—储样室；7—水样瓶；8—振荡选择器；9—分配器；
10—脉冲变换器；11—记录仪；12—采水比设定器；13—马达驱动回路；14—计时器

（2）混合水样　是指在同一采样点于不同时间所采集的瞬时水样的混合水样，有时称"时间混合水样"，以区别于其他混合水样。这种水样观察平均浓度时非常有用，但不适用于被测组分在贮存过程中发生明显变化的水样。

（3）综合水样　把不同采样点同时采集的各个瞬时水样混合后所得到的样品称综合水样。这种水样在某些情况下更具有实际意义。例如，当为几条污水河、渠建立综合处理厂时，以综合水样取得的水质参数作为设计的依据更为合理。

8. 质量控制样品

（1）现场空白样　在采样现场，用纯水按样品采集步骤装瓶，与水样做同样处理，以掌握采样过程中环境与操作条件对监测结果的影响。

（2）现场平行样　现场采集平行水样，用于反映采样与测定分析的精密度，采集时应注意控制采样操作条件一致。

（3）加标样　取一组平行水样，在其中一份加入一定量的被测标准物溶液，两份水样均按规定方法处理。

（三）地下水的采集

地下水即储存在岩石空隙（孔隙、裂隙、溶隙）中和地表之下的水。地下水的采集还应考虑以下几方面。

① 地下水流动较慢，所以水质参数的变化慢，一旦污染很难恢复，甚至无法恢复。

② 地下水埋藏深度不同，温度变化规律也不同。近地表的地下水的温度受气温的影响，具有周期性变化，较深的常温层中地下水温度比较稳定，水温变化不超过 0.1℃；但水样一经取出，其温度即可能有较大的变化。这种变化能改变化学反应速率，从而改变原来的化学平衡，也能改变微生物的生长速度。

③ 地下水所受压力较大，面对的环境条件与地表水不同，一旦取出，可溶性气体的溶入和逸出，带来一系列化学变化，改变水质状况。例如，地下水富含 H_2S 但溶解氧较低，取出后 H_2S 的逸出，大气中 O_2 的溶入，会发生一系列的氧化还原变化；水样吸收或放出 CO_2 可引起 pH 值变化。

由于采水器的吸附或沾污及某些组分的损失，水样的真实性将受到影响。

地下水的采集过程如下。

1. 收集资料、调查研究

① 收集、汇总监测区域的水文、地质、气象等方面的有关资料和以往的监测资料。例如，地质图、剖面图、测绘图和水井的成套参数、含水层、地下水补给、径流和流向，以及温度、湿度、降水量等。

② 调查监测区域内城市发展、工业分布、资源开发和土地利用情况，尤其是地下工程规模、应用等；了解化肥和农药的施用面积和施用量。

③ 测量或查知水位、水深，以确定采水器和泵的类型、所需费用和采样程序。

④ 在完成以上调查的基础上，确定主要污染源和污染物，并根据地区特点和与地下水的主要类型把地下水分成若干个水文地质单元。

⑤ 调查污水灌溉、排污、纳污和地表水污染现状。

2. 采样点的布设

地下水按理论条件分为潜水（浅层地下水）、承压水（深层地下水）和自流水。地下水监测以浅层地下水为主，利用各水分地质单元中原有的监测水井监测。利用机井可以对深层地下水的各层水质进行监测。

（1）地下水背景值采样点的布设　常作对照、比较之用，用一个不受或少受污染的地下水测得。采样点应设在污染区的外围，若要查明污染状况，可贯穿含水层的整个饱和层，在垂直于地下水流方向的上方设置。若是新开发区，应在引入污染源前设背景值监测井点。

（2）污染地下水采样点的布设　地下水污染可分为点状污染、条状污染、带状污染和块状污染，这些污染是由渗坑、渗井和堆渣区的污染物因含水层渗透性的不同形式而产生的。例如，条、带状污染的监测井的布设应沿地下水流向，用平行和垂直的监测断面控制；点状污染的监测井应在与污染源距离最近的地方布设；带状污染的监测井应用网状布点法设置垂直于河渠的监测断面；块状污染的监测井的布点应平行和垂直于地下水流方向；地下水位下降的漏斗区的监测井的布设应平行于环境变化最大的方向和平行于地下水流方向。

对供城市饮用的主要地下水、工业用水和农田灌溉用地下水，均应适当布设监测井，对人为补给的回灌井，要在回灌前后分别采样并监测水质的变化情况。一般监测井在液面下0.3～0.5m处采样。若有间温层或多含水层分布，可按具体情况分层采样。

采样井的位置确定后，要进行分区、分类、分级统一编号，利用天然标志或人工标志加以固定。

对于作为应用水源的地下水，现有水井常被用作日常监测水质的现成采样点。当地下水受到污染需要研究其受污情况时，常需设置新的采样点。例如在与河道相邻近地区新建了一个占地面积不大的垃圾堆场的情况下，为了监测垃圾场中污染物随径流渗入地下，并被地下水挟带转入河流的状况，按如图1-10设置地下水监测井。如果含水层渗透性较大，污染物会在此水区形成一个条状的污染带，则监测井位置应处在污染带内，并在邻近污染源一侧设点（A），在靠近河道一侧设点（B），而且监测井的进水部位应对准污染带所在位置。显然，在图中C或D点位置设井或设定进水位置都是不适宜的。

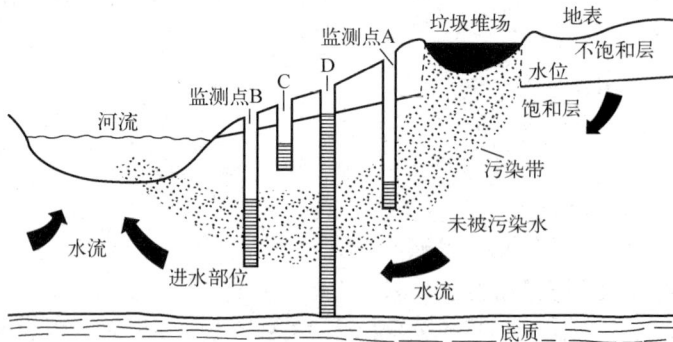

图1-10　地下水监测井采样点

3. 采样时间和采样频率

每年应在丰水期和枯水期分别采样，或按四季采样，有条件的监测站按月采样。每采一次样监测一次，十天后可再采一次样监测。对有异常情况的井点，应适当增加采样监测次数。

4. 采样方法和采样器

（1）采样方法　从监测井采集水样常利用抽水机设备。启动后，先放水数分钟，将积留在管道内的杂质及陈旧水体排出，然后用采样容器接取水样。对于无抽水设备的水井，可选择适合的专用采水器采集水样；对于自喷泉水，可以在涌水口处直接采样；对于自来水，也要先将水龙头完全打开，放水数分钟，排出管道中积存的死水后再采样。

地下水的特点决定了地下水水质比较稳定，一般采集瞬时水样，就能较好地代表地下水水质状况。

（2）采样器

① 简易采水器。由塑料水壶和钢丝架组成，如图1-11所示。将采水器放到预定深度，拉开塑料水壶（洗净晾干的）进水口的软塞，待水灌满后提出水面，即可采集到水样。

② 改良的Kemmerer采水器。由带有软塞的滑动螺杆和水桶等部件组成，如图1-12所示。常用于采集地表水和地下水。

③ 深层采水器。如图1-13所示。采样时，将采水器下沉一定深度。扯动挂绳，打开瓶

塞，待水灌满后，迅速提出水面，弃去上层水样，盖好瓶盖，并同步测定水深。

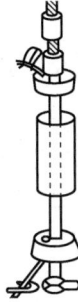

图 1-11　简易采水器　　　图 1-12　改良的 Kemmerer 采水器　　　图 1-13　深层采水器
1—采水器软绳；2—壶塞软绳；　　　　　　　　　　　　　　　　　　1—叶片；2—杠杆（关闭位置）；3—杠杆
3—软塞；4—进水口；5—固　　　　　　　　　　　　　　　　　　（开口位置）；4—玻璃塞（关闭位置）；
　　定挂钩；6—塑料水壶；　　　　　　　　　　　　　　　　　　　　5—玻璃塞（开口位置）；
7—钢丝架；8—重锤　　　　　　　　　　　　　　　　　　　　　　6—悬挂绳；7—金属架

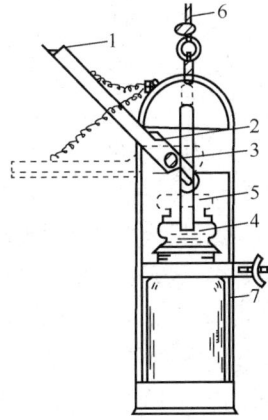

（四）水污染源的采集

水污染源即工业废水源、生活污水源、医院污水源等。水污染源的采集过程如下。

1. 收集资料调查研究

（1）工业污染源　包括工厂名称、地址、企业性质、生产规模等；工艺流程和原理、工艺水平、能源类型、原材料类型、产品和产量；供水类型、水源、供水量、水的重复利用率；污水排放系统、排放规律；污染物种类、排放浓度、排放量；生产布局、排污口数量和位置、排污去向、控制方法、污水处理情况。

（2）生活污水源　城镇人口、居民区位置及用水量；医院分布和医疗用水量、排水量；城市污水处理厂运行状况、处理量；城市下水道管网布局；生活垃圾处置状况；农业用化肥、农药情况。

2. 采样点的布设

水污染源一般经管边或沟、渠排放，水的截面积较小，不需要设监测断面，可直接从确定的采样点采样。

（1）车间或车间设备出口处　测定一类污染物。包括汞、镉、砷、铅、六价铬、有机氯和强致癌物质等。

（2）工厂总排污口处　测定二类污染物。包括悬浮物，硫化物，挥发酚，氰化物，有机磷，石油类，铜、锌、氟及他们的无机化合物，硝基苯类，苯胺类。

（3）污水处理设施出口处　为了解对污水的处理效果，可在进水口和出水口同时布点采样。

（4）排污渠较直处　采样点应设在排污渠上较直、水量稳定、上游没有污水汇入处。

（5）城市综合排污口　包括一个城市的主要排污口或总排污口处，污水处理厂的污水进出口处，污水泵站的进水和安全溢流口处，市政排污管线的入水处。

3. 采样时间和采样频率

工业废水的污染物含量和排放量常随工艺条件及开工率的不同有很大的差异，故采样时间、周期和频率的选择是一个比较复杂的问题。

① 一般情况下，可在一个生产周期内每隔 0.5h 或 1h 采样 1 次，将其混合后测定污染物的平均值。

② 如果取几个生产周期（如 3～5 个周期）的污水样，可每隔 2h 取样 1 次。

③ 对于排污情况复杂、浓度变化大的污水，采样时间间隔要缩短，有时需要 5～10min 采样 1 次，这种情况最好使用连续自动采样装置。

④ 对于水质和水量变化比较稳定或排放规律性较好的水体，待找出污染物浓度在生产周期内的变化规律后，采样频率可大大降低，如每月采样 2 次。

⑤ 城市排污管道大多数受纳 10 个以上工厂排放的水体，由于在管道内水体已进行混合，故在管道出水口，可每隔 1h 采样 1 次，连续采集 8h；也可连续采集 24h，然后将其混合制成混合样，测定各污染组分的平均浓度。

⑥ 我国《污水监测技术规范》（HJ 91.1—2019）中对向国家直接报送数据的污水排放源规定：工业废水每年采样监测 2～4 次；生活污水每年采样监测 2 次，春、夏季各 1 次；医院污水每年采样监测 4 次，每季度 1 次。

4. 采样方法和采样器

（1）采样方法　污水一般流量较小，且都有固定的排污口，所处位置也不复杂，因此所用采样方法和采样器也较简单。

① 浅水采样。水面距地面很近时，可用容器直接灌注，或用聚乙烯塑料长把勺采样，注意手不要接触污水。

② 深水采样。水面距地面较远时，可将聚乙烯塑料样品容器固定于负重架内，沉入一定深度的污水中采样，也可用塑料手摇泵或电动采水泵采样。

③ 自动采样。在企业内部监测中，利用自动采水器或连续自动定时采水器采样，有利于为生产部门提供生产情况信息，也为环保提供有价值的数据。

（2）采样器　常使用聚乙烯塑料桶、金属（铜、铁等）桶、有机玻璃采水器、泵式采水器和自动采水器等。

5. 废水水样类型

（1）瞬时废水样　一些工厂生产工艺过程连续、恒定，废水中污染组分及浓度随时间变化不大，采集瞬时水样具有较好的代表性。瞬时水样也适用于某些特定要求，如某些平均浓度合格，而高峰排放浓度超标的废水，可隔一定的时间采集瞬时水样，分别测定，所得资料绘制浓度-时间关系曲线，计算其平均浓度和高峰排放时的浓度。

（2）平均废水样　生产的周期性影响排污的规律性，使工业废水的排放量和污染组分的浓度随时间大幅度变化，只有增大采样和测定频率，才能使监测结果具有代表性，此时最好采用在不增加采样频次的基础上采集的平均混合水样，即在废水流量比较稳定时，每隔相同时间采集等量污水样混合而成的水样，以及采集平均比例的混合水样，即在废水流量不稳定时，在不同时间依据流量大小按比例采集水样混合而成的水样。有时需要同时采集几个排污口的水样，按比例混合，其监测结果代表采样时的综合排放浓度。

（五）水样的运输

采集的水样除供一部分项目在现场监测使用外，大部分水样要运到监测室进行监测。在水样运输过程中，为使水样不受污染、损坏和丢失，保证水样的完整性、代表性，应注意以下几点。

① 用塞子塞紧采样容器，塑料容器塞紧内、外塞子，有时用封口胶、石蜡封口（测油类水样除外）。

② 采样容器装箱，用泡沫塑料或纸条作衬里和隔板，防止容器碰撞损坏。

③ 需冷藏的样品，应配备专门的隔热容器，放入制冷剂，将样品置于其中；冬季应采取保温措施，防止冻裂样品容器；避免日光直接照射。

④ 根据采样记录和样品登记表，运送人和接收人必须清点和检查水样，并在登记表上签字，写明日期和时间，送样单和采样记录应由双方各保存一份待查。

⑤ 水样运输允许的最长时间为24h。

（六）水样的保存

各种水质的水样，从采集到监测这段时间内，水样组分常易发生变化，及时运输，尽快分析，采取必要的保护措施等是解决问题的关键。引起水样变化的因素有以下几点。

① 物理因素 物理因素有挥发和吸附作用等，如水样中CO_2挥发可引起pH值、总硬度、酸（碱）度发生变化，水样中某些组分可被容器壁或悬浮颗粒物表面吸附而损失。

② 化学因素 化学因素有化合、配合、水解、聚合、氧化还原等，这些作用将会导致水样组成发生变化。

③ 生物因素 细菌等微生物的新陈代谢活动使水样中有机物的浓度和溶解氧浓度降低。

④ 水与盛样容器之间的相互作用（前面已介绍）。

针对上述水样发生变化的原因，保存水样有以下几种方法。

（1）冷藏 水样置冰箱或冰-水浴中于暗处，冷藏温度为4℃左右。因不加化学试剂，对以后测定无影响。

（2）冷冻 把水样置于冰柜或制冷剂中贮存，冷冻温度为-20℃左右。注意冷冻时水的膨胀作用。

冷藏和冷冻抑制生物活动，减缓物理挥发和化学反应速度。

（3）化学方法 为防止样品中某些被测组分在保存、运输中发生分解、挥发、氧化还原等变化，常加入化学保护剂。

① 加生物抑制剂。加入$HgCl_2$、$CuSO_4$、$CHCl_3$等抑制微生物作用，加何种试剂视具体情况而定。如在测定氨氮、COD时，水样中加入$HgCl_2$，可抑制生物的氧化还原作用；测定酚的水样用H_3PO_4调至pH为4时，加入$CuSO_4$，即可抑制苯酚菌的分解活动。

② 加入酸或碱。加入强酸（如HNO_3）或强碱（如NaOH）改变水样的pH值，从而使待测组分处于稳定状态。例如测定重金属时加HNO_3至pH为1~2，既可防止其水解沉淀，又可避免被器壁吸附；测氰化物时则加NaOH至pH为12保存。

③ 加入氧化剂或还原剂。如测定汞的水样需加入HNO_3（至pH<1）和$K_2Cr_2O_7$，使汞保持高价态；测定硫化物的水样加入抗坏血酸，可以防止被测物被氧化。

应当注意，化学法加入的保存剂不能干扰以后的测定，保存剂最好是优级纯的，加入的方法要正确，避免沾污，同时还应做空白实验，扣除保存剂空白，对测定结果进行校正。

水样常用保存技术见表 1-5。

表 1-5　水样常用保存技术

待测项目		容器类别	保存方法	分析地点	可保存时间	建议
物理、化学及生化分析	pH	P 或 G		现场		现场直接测定
	酸度或碱度	P 或 G	在 2～5℃暗处冷藏	实验室	24h	水样充满整个容器
	溴	G		实验室	6h	最好在现场进行测定
	电导	P 或 G	冷藏于 2～5℃	实验室	24h	最好在现场进行测定
	色度	P 或 G	在 2～5℃暗处冷藏	现场、实验室	24h	—
	悬浮物及沉积物	P 或 G	—	实验室	24h	单独定容采样
	浊度	P 或 G		实验室	尽快	最好在现场进行测定
	臭氧	P 或 G	—	现场	—	
	余氯	P 或 G	—	现场	—	最好在现场分析，如果做不到，在现场用过量 NaOH 固定，保存不应超过 6h
	二氧化碳	P 或 G	—	见酸碱度	—	—
	溶解氧	溶解氧瓶	现场固定氧并存入在暗处	现场、实验室	几小时	碘量法加 1mL1mol/L 高锰酸钾和 2mL1mol/L 碱性碘化钾
	油脂、油类、碳氢化合物、石油及衍生物	用分析时使用的溶剂冲洗容器	现场萃取冷冻至 −20℃	实验室	24h～数月	建议于采样后立即加入在分析方法中所用的萃取剂，或进行现场萃取
	离子型表面活性剂	G	在 2～5℃下冷藏硫酸酸化至 pH<2	实验室	尽快～48h	—
	非离子型表面活性剂	—	加入体积分数为 40%的甲醛，使样品成为体积分数为 1%的甲醛溶液，在 2～5℃下冷藏，并使水样充满容器	实验室	尽快～48h	
	砷	—		实验室	1 个月	不能用硝酸酸化生活污水及工业废水，应使用这种方法
	硫化物			实验室	24h	必须现场固定
	总氰	P	用 NaOH 调节至 pH>12	实验室	24h	
	COD	G	在 2～5℃暗处冷藏	实验室	尽快	如果 COD 是因为存在有机物引起的则必须加以酸化，COD 低时，最好用玻璃容器保存
			用 H$_2$SO$_4$ 酸化至 pH<2	实验室	1 周	
			−20℃冷冻（一般不使用）	实验室	1 个月	
	BOD	G	在 2～5℃下暗处冷藏	实验室	尽快	BOD 低时，最好用玻璃容器

待测项目		容器类别	保存方法	分析地点	可保存时间	建议
物理、化学及生化分析	BOD	G	−20℃冷冻（一般不使用）	实验室	1个月	BOD低时，最好用玻璃容器
	凯氏氮	P或G	用H₂SO₄酸化至pH<2并在2~5℃下冷藏	实验室	尽快	为了阻止硝化细菌的新陈代谢，应考虑加入杀菌剂如丙烯基硫脲或氯化汞或三氯甲烷等
	氨氮	P或G		实验室		
	硝酸盐氮	P或G	酸化至pH<2并在2~5℃下冷藏	实验室	24h	有些污水样品不能保存，需要现场分析
	亚硝酸盐氮	P或G	在2~5℃下暗处冷藏	实验室	尽快	—
	有机碳	G	用H₂SO₄酸化至pH<2并在2~5℃下冷藏	实验室	24h	应该尽快测试，有些情况下，可以用干冻法（−20℃）。建议于采样后立即加入在分析方法中所用的萃取剂，或现场进行萃取
	有机氯农药	G	在2~5℃下冷藏	—		
	有机磷农药		在2~5℃下冷藏	实验室	24h	建议于采样后立即加入在分析方法中所用的萃取剂，或现场进行萃取
	"游离"氯化物	P	保存方法取决于分析方法	现场	24h	—
	酚	BG	用CuSO₄抑制生化并用H₃PO₄酸化或用NaOH调节至pH>12	现场	24h	保存方法取决于所用的分析方法
	叶绿素	P或G	2~5℃下冷藏	实验室	24h	—
			过滤后冷冻滤渣	实验室	1个月	
	肼	G	用HCl调至1mol/L（每升样品100mL）并于暗处储存	实验室	24h	—
	洗涤剂		见表面活性剂			
	汞	P、BG		实验室	2周	保存方法取决于分析方法
	可过滤铝	P	在现场过滤并用硝酸酸化滤液至pH<2（如测定时用原子吸收法则不能用H₂SO₄）	实验室	1个月	滤渣用于测定不可过滤态铝，滤液用于该项测定
	附着在悬浮物上的铝	—	现场过滤	实验室	1个月	
	总铝	—	酸化至pH<2	实验室	1个月	取均匀样品消解后测定，酸化时不能使用H₂SO₄
	钡	P或BG	见铝			
	镉	P或BG	见铝			
	铜		见铝			

续表

<table>
<tr><th colspan="2">待测项目</th><th>容器类别</th><th>保存方法</th><th>分析地点</th><th>可保存时间</th><th>建议</th></tr>
<tr><td rowspan="29">物理、化学及生化分析</td><td>总铁</td><td>P 或 BG</td><td colspan="4">见铝</td></tr>
<tr><td>铅</td><td>P 或 BG</td><td colspan="3">见铝</td><td>酸化不能使用 H_2SO_4</td></tr>
<tr><td>锰</td><td>P 或 BG</td><td colspan="4">见铝</td></tr>
<tr><td>镍</td><td>P 或 BG</td><td colspan="4">见铝</td></tr>
<tr><td>银</td><td>P 或 BG</td><td colspan="4">见铝</td></tr>
<tr><td>锡</td><td>P 或 BG</td><td colspan="4">见铝</td></tr>
<tr><td>铀</td><td>P 或 BG</td><td colspan="4">见铝</td></tr>
<tr><td>锌</td><td>P 或 BG</td><td>见铝</td><td rowspan="3">实验室</td><td rowspan="3">尽快</td><td rowspan="3">不得使用磨口及内壁已磨毛的容器，以避免对铬的吸附</td></tr>
<tr><td>总铬</td><td>P 或 G</td><td>见铝</td></tr>
<tr><td>六价铬</td><td>P 或 G</td><td>用氢氧化钠调节使 pH 为 7～9</td></tr>
<tr><td>钴</td><td>P 或 G</td><td>见铝</td><td>实验室</td><td>24h</td><td rowspan="2">酸化时不要用 H_2SO_4 酸化的样品，可同时用于测定钙和其他金属</td></tr>
<tr><td>钙</td><td>P 或 G</td><td>过滤后将滤液酸化至 pH<12</td><td>实验室</td><td>数月</td></tr>
<tr><td>总硬度</td><td colspan="5">见钙</td></tr>
<tr><td>镁</td><td>P 或 G</td><td colspan="4">见钙</td></tr>
<tr><td>锂</td><td>P</td><td>酸化至 pH<2</td><td>实验室</td><td>—</td><td>—</td></tr>
<tr><td>钾</td><td>P</td><td colspan="4">见锂</td></tr>
<tr><td>钠</td><td>p</td><td colspan="4">见锂</td></tr>
<tr><td>溴化物及含溴化合物</td><td>P 或 G</td><td>于 2～5℃冷藏</td><td>实验室</td><td>尽快</td><td>样品应避光保存</td></tr>
<tr><td>氯化物</td><td>P 或 G</td><td>—</td><td>实验室</td><td>数月</td><td>—</td></tr>
<tr><td>氟化物</td><td>P</td><td>—</td><td>实验室</td><td>若样品是中性的可保存数月</td><td>—</td></tr>
<tr><td>碘化物</td><td>非光化玻璃</td><td>于 2～5℃冷藏，加碱调整 pH=8</td><td>实验室</td><td>24h
1 个月</td><td>样品应避免日光直射</td></tr>
<tr><td>正磷酸盐</td><td>BG</td><td>于 2～5℃冷藏</td><td>实验室</td><td>24h</td><td>—</td></tr>
<tr><td>总磷</td><td>BG</td><td>用 H_2SO_4 酸化至 pH<2</td><td>实验室</td><td>数月</td><td>—</td></tr>
<tr><td>硒</td><td>G 或 BP</td><td>用 NaOH 调节 pH>11</td><td>实验室</td><td>—</td><td>—</td></tr>
<tr><td>硅酸盐</td><td>—</td><td>过滤并用 H_2SO_4 酸化至 pH<2，于 2～5℃冷藏</td><td>实验室</td><td>24h</td><td>—</td></tr>
<tr><td>总硅</td><td>P</td><td>—</td><td>实验室</td><td>数月</td><td>—</td></tr>
<tr><td>硫酸盐</td><td>P 或 G</td><td>于 2～5℃冷藏</td><td>实验室</td><td>1 周</td><td>—</td></tr>
<tr><td>亚硫酸盐</td><td>P 或 G</td><td>在现场每 100mL 水样加 1mL 质量分数 25%的 EDTA 溶液</td><td>实验室</td><td>1 周</td><td>—</td></tr>
<tr><td>硼及硼酸盐</td><td>P</td><td>—</td><td>实验室</td><td>数月</td><td>—</td></tr>
</table>

续表

待测项目		容器类别	保存方法	分析地点	可保存时间	建议
微生物分析	细菌总数、大肠菌总数、粪链球菌、志贺氏菌等	灭菌容器 G	于 2～5℃冷藏	实验室	尽快（地表水、污染水及饮用水）	取氯化或溴化过的水样时，所用的样品瓶消毒之前，每 125mL 加入 0.1mL 质量分数 10% 的硫代硫酸钠（$Na_2S_2O_3$）以消除氯或溴对细菌的抑制作用。对金属含量高于 0.01mg/L 的水样，应在容器消毒之前，每 125mL 容积加入 0.3mL 的质量分数为 15% 的 EDTA

（七）采样记录和水样标签

1. 采样记录

采样时，填写好采样记录表，一式三份。书写时用硬制铅笔和不溶性墨水笔，字迹工整，忌涂改。现场测试项目的样品应记下平行样的份数和体积，同时记录现场空白样和现场加标样的处置情况。

《水质 样品的保存和管理技术规定》（HJ 493—2009）中明确规定了记录样式和要求。地表水采样记录见表 1-6。

表 1-6 地表水采样记录表

共_____页 第_____页

水系		河口				采样端面		
采样时间	年 月 日 时 分					端面位置		
采样方法						工具		
采样时水文气象	气温　水温			水深/m			现场测定目的	
	流速　流量		左	中	右			
	晴雨　风向　风速							
水域状况现场描述								
1								
2								
3								
4								
5								
6								
7								
8								
9								
10								

采样人：_____

2. 水样标签

水样采集后，根据不同的监测要求，将样品分装成数份，并分别加入保存剂，填写水样标签，贴于盛装水样的容器外壁上。水样标签如下。

样品编号_____　　业务代号_____

样品名称_____

采样断面_____　　采样地点_____

添加保存剂种类和数量_____

检测项目_____

采样者_____　　登记者_____

采样时间_____

样品运到监测室后，应填写水样登记表和送检表。收样人仔细核对，与采样人、送样人各执一份。水样登记表（送检表）格式见表 1-7。

表 1-7　水样登记表（送检表）

编号	样品名称	采样断面及采样地点	采样时间	添加剂种类及数量	检测项目

备注：_____

采样人：_____　送样人：_____　接样人：_____

📝 **学习笔记**

任务一　水体中溶解氧含量的测定

📋 任务目标

1. 掌握碘量法测定溶解氧的原理和操作。
2. 掌握水体中非金属无机物的监测方法。
3. 巩固滴定分析操作过程。

【任务引领】

一、原理

溶解在水中的分子态氧称为溶解氧，用 DO 表示。溶解氧与大气中氧的平衡、温度、气压、盐分有关。清洁地表水溶解氧一般接近饱和，有藻类生长的水体，溶解氧可能过饱和。水体受有机、无机还原性物质（如硫化物、亚硝酸根、亚铁离子等）污染后，溶解氧下降，可趋近于零。溶解氧是反映水体污染程度的综合指标，污水中溶解氧的含量取决于污水排出前的工艺过程。

溶解氧的测定方法有碘量法及其修正法和氧电极法。

碘量法是指水样中加入硫酸锰和碱性碘化钾，水中的溶解氧将二价锰氧化成四价锰，生成氢氧化物棕色沉淀的方法。加酸后，氢氧化物沉淀溶解并与碘离子反应而释放出与溶解氧量相当的游离碘。以淀粉为指示剂，用硫代硫酸钠滴定释出的碘，可计算出溶解氧含量。碘量法适用于清洁地表水、受污染地表水和工业废水（修正碘量法或氧电极法测定）。

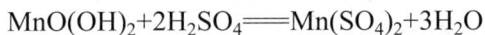

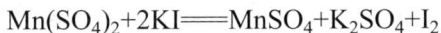

$$MnSO_4+2NaOH \!=\!\!= Na_2SO_4+Mn(OH)_2 \downarrow$$

$$2Mn(OH)_2+O_2 \!=\!\!= 2MnO(OH)_2 \downarrow（棕色）$$

$$MnO(OH)_2+2H_2SO_4 \!=\!\!= Mn(SO_4)_2+3H_2O$$

$$Mn(SO_4)_2+2KI \!=\!\!= MnSO_4+K_2SO_4+I_2$$

$$2Na_2S_2O_3+I_2 \!=\!\!= Na_2S_4O_6+2NaI$$

$$DO 含量（O_2，mg/L）\!=\!\!= \frac{8cV}{V_水} \times 1000$$

式中　c ——硫代硫酸钠标准溶液浓度，mol/L；

　　　V ——滴定消耗硫代硫酸钠标准溶液体积，mL；

　　　$V_水$ ——水样的体积，mL；

　　　8 ——氧换算值，g。

应注意水样有色或含有氧化性及还原性物质、藻类、悬浮物等干扰测定时，氧化性物质可使碘化物游离出碘，产生正干扰；还原性物质可把碘还原成碘化物，产生负干扰；有机物如腐殖酸、丹宁酸、木质素等可能被氧化产生负干扰。如果水样呈强酸性或强碱性，可用氢氧化钠或硫酸溶液调至中性后测定；如果水样中含有游离氯大于 0.1mg/L 时，应预先于水样中加入 $Na_2S_2O_3$ 去除。即用两个溶解氧瓶各取一瓶水样，在其中一瓶加入 5mL（1∶5）硫酸和 1g 碘化钾，摇匀，此时游离出碘。以淀粉作指示剂，用 $Na_2S_2O_3$ 溶液滴定至溶液蓝色刚褪，记下用量（相当于去除游离氯的量）。于另一瓶水样中，加入同样量的 $Na_2S_2O_3$，摇匀后，按操作步骤测定。

通常在采样现场加入硫酸锰和碱性碘化钾溶液。

二、仪器和试剂

（1）溶解氧瓶 250～300mL。

（2）硫酸锰溶液 称取 480g 硫酸锰（$MnSO_4 \cdot H_2O$）溶于水，用水稀释至 1000mL。此溶液加至酸化过的碘化钾溶液中，遇淀粉不得产生蓝色。

（3）碱性碘化钾溶液 称取 500g 氢氧化钠溶解于 300～400mL 水中，另称取 150g 碘化钾溶于 200mL 水中，待氢氧化钠溶液冷却后，将两溶液合并，混匀，用水稀释至 1000mL。如有沉淀，则放置过夜后，倾出上层清液，储于棕色瓶中，用橡胶塞塞紧，避光保存。此溶液酸化后，遇淀粉应不呈蓝色。

（4）硫代硫酸钠溶液 称取 6.2g 硫代硫酸钠（$Na_2S_2O_3 \cdot 5H_2O$）溶于煮沸放冷的水中，加 0.2g 碳酸钠，用水稀释至 1000mL，储于棕色瓶中，使用前用 0.0250mol/L 的重铬酸钾标准溶液标定。

（5）硫酸溶液 $\rho=1.84$ 的硫酸溶液；1+5 硫酸溶液。

（6）淀粉溶液（1%） 称取 1g 可溶性淀粉，用少量水调成糊状，再用刚煮沸的水稀释至 100mL。冷却后，加入 0.1g 水杨酸和 0.4g 氯化锌防腐。

（7）重铬酸钾标准溶液 [$c(1/6K_2Cr_2O_7)=0.025mol/L$] 称取于 105～110℃烘干 2h，并冷却的重铬酸钾 1.2258g，溶于水，移入 1000mL 容量瓶中，用水稀释至标线，摇匀。

三、操作步骤

（1）溶解氧固定 用吸液管插入溶解氧瓶的液面下，加入 1mL 硫酸锰溶液、2mL 碱性碘化钾溶液，盖好瓶塞，颠倒混合数次，静置。一般在取样现场固定。

（2）游离碘 打开瓶塞，立即用吸管插入液面下加入 2mL 硫酸。盖好瓶塞，颠倒混合摇匀，至沉淀物全部溶解，放于暗处静置 5min。

（3）测定 吸取 100mL 上述溶液于 250mL 锥形瓶中，用硫代硫酸钠标准溶液滴定至溶液呈淡黄色，加 1mL 淀粉溶液，继续测定至蓝色刚好褪去，记录硫代硫酸钠溶液用量。

四、数据处理

$$\text{DO 含量}（O_2，mg/L）= \frac{c \times V \times 8 \times 1000}{100}$$

式中 c ——硫代硫酸钠标准溶液浓度，mol/L；

V ——滴定消耗硫代硫酸钠标准溶液体积，mL。

五、思考题

1. 测定溶解氧时干扰物质有哪些？如何处理？
2. 分析产生测定误差的原因。
3. 天然水体中溶解氧的含量值为多少？
4. 水体中溶解氧含量的多少与哪些因素有关？
5. 取水样时，为什么用虹吸法？
6. 测定过程中，加入的硫酸锰等试剂使已经满瓶的溶液溢出，是否影响溶解氧的测定？

📓 学习笔记

实训任务单

班级：	姓名：	学号：	成绩：

任务名称：**水体中溶解氧含量的测定**	日期：

一、任务要求

1. 掌握碘量法测定溶解氧的原理和操作。
2. 掌握水体中非金属无机物的监测方法。
3. 巩固滴定分析操作过程。

二、思考题

1. 测定溶解氧时干扰物质有哪些？如何处理？
2. 分析产生测定误差的原因。
3. 天然水体中溶解氧的含量值为多少？
4. 水体中溶解氧含量的多少与哪些因素有关？
5. 取水样时，为什么用虹吸法？
6. 测定过程中，加入的硫酸锰等试剂使已经满瓶的溶液溢出，是否影响溶解氧的测定？

三、基本原理

四、仪器药品

1. 所用仪器

2. 所用药品

五、数据记录表格

六、注意事项

1. 吸量管必须插入液面下加入溶液。
2. 加入硫酸溶解沉淀，必须确认沉淀全部被溶解；如果有未溶解的沉淀，继续加入硫酸至沉淀全部溶解为止。

七、预习中出现的问题

【知识链接】   **水体物理性质的监测**

水体物理性质的监测是水质质量评价的指标之一，它包括水温、色度、浊度、残渣、透明度、电导率、臭、矿化度等。

一、水温

水的物理化学性质、水中溶解性气体的溶解度、水生生物和微生物活动、化学和生物化学反应速率、pH 值等都与水温变化密切相关。

水温测量在现场进行，常用的方法有水温计法、深水温度计法、颠倒温度计法和热敏电阻温度计法。

1. 水温计法

水温计的水银温度计安装在金属半圆槽壳内，开有读数窗孔，下端连接一个金属贮水杯，温度计水银球位于金属杯的中央，顶端的槽壳带一圆环，用以拴一定长度的绳子。水温计如图 1-14 所示。测定时将水温计插入一定深度的水中，放置 5min 后，迅速提出水面并读数。必要时，重新测定。测量范围是 -6～41℃，分度值为 0.2℃。

水温计法适用于测量水的表层温度。

2. 深水温度计法

深水温度计的构造与水温计相似。贮水杯较大，并有上、下活门，利用其放入水中和提升时自动启开和关闭，使筒内装满水样。深水温度计如图 1-15 所示。测定方法同水温计法。测量范围是 -2～40℃，分度值为 0.2℃。

深水温度计法适用于水深 40m 以内的水温测量。

3. 颠倒温度计法

颠倒温度计由主温表和辅温表构成，如图 1-16 所示。主温表是双端式水银温度计，用于观测水温；辅温表为普通水银温度计，用于观测读取水温时的气温，以校正因环境温度改变而引起的主温表读数的变化。测定时一般将其装在颠倒采水器上，将其沉入预定深度水层，

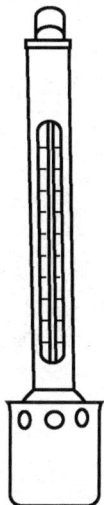

图 1-14 水温计   图 1-15 深水温度计   图 1-16 颠倒温度计

放置 7min，提出水面后立即读数。测量范围是主温表 $-2 \sim 32℃$，分度值为 $0.1℃$。辅温表 $-20 \sim 50℃$，分度值为 $0.5℃$。

颠倒温度计法适用于水深在 40m 以上的各层水温。

4. 热敏电阻温度计法

测量水温时，启动仪器，按使用说明书进行操作。将仪器探头放入预定深度的水中，放置感温 1min 后，读取水温。读完后取出探头，用棉花擦干备用。

热敏电阻温度计法适用于表层和深层水温的测定。

应注意各种温度计均应定期由计检部门校验；测定时感温时间按规定进行。

二、色度

纯水无色，清洁水在水层浅时无色，水层深时为浅蓝绿色。天然水体中存在腐殖质、泥土、浮游生物、矿物质等，会显示不同颜色，工业废水因污染源不同，有不同颜色。水体颜色的存在，使用水者可能产生不快之感，且影响工业产品、食品等质量。

色度是衡量颜色深浅的指标，单位用度来表示。水色可分为真色和表色，真色是指除去悬浮物质后水的颜色；表色是指没有除去悬浮物质时水的颜色。对于清洁水或浊度很低的水样，真色和表色几乎相同，对着色很深的工业废水，真色和表色差别很大。水的色度一般指真色。

常用测定方法有铂、钴比色法，稀释倍数法和分光光度法等。

1. 铂、钴比色法

用氯铂酸钾和氯化钴配成标准色列，与水样进行目视比色来确定水样的色度。规定每升水中含有 1mg 铂和 0.5mg 钴所具有的颜色为 1 度。测定前放置澄清、离心分离或用 0.45μm 滤膜除去悬浮物，但不能用滤纸过滤。测定时先配 500 度铂、钴储备液，再配成标准色列，与水样进行比色确定其色度。

铂、钴比色法适用于较清洁的带有黄色色调的天然水和饮用水。

应注意无法除去水中悬浮物时只能测表色；标准色列可用重铬酸钾代替。

2. 稀释倍数法

首先用眼睛观察水样，文字描述水样颜色深浅，如无色、浅色、深色等，色调如蓝色、黄色、灰色等，或包括水样透明度如透明、浑浊、不透明。取一定量水样装入比色管中，用无色水稀释至无色时（与无色蒸馏水比较），水样的稀释倍数即为水样的色度，单位用倍表示。

稀释倍数法适用于工业废水污染严重的地表水和工业废水的测定。

应注意尽快测定，或于 $4℃$ 保温 48h；水样应无树叶、枯枝等。

3. 分光光度法

近年来我国某些行业使用这种方法检验排水水质。用分光光度法求出有色水样的三激励值，确定水样以波长表示的色调（红、蓝、黄等）、以明度表示的亮度、以纯度表示的饱和度（柔和、浅淡等），来评定水的色度。

该方法适用于各种水色度的测定。

三、浊度

浊度是指水中悬浮物对光线透过时所发生的阻碍程度。水的浊度大小与水中悬浮物质含量及其粒径等性质有关。

常用测定方法有分光光度法、目视比浊法、浊度计法。

1. 分光光度法

将一定量的硫酸肼与六亚甲基四胺聚合，生成白色高分子聚合物，以此作为浊度标准溶液，在一定条件下与水样浊度比较。规定 1L 溶液中含 0.1mg 硫酸肼和 1mg 六亚甲基四胺为 1 度。

测定时用硫酸肼和六亚甲基四胺配制浊度标准色列，在 680nm 处测其吸光度，绘制吸光度-浊度标准曲线，再根据水样的吸光度，从标准曲线上查得水样浊度。如水样经过稀释，要换算成原水样的浊度。

该方法适用于饮用水、天然水和高浊度水，最低检测浊度为 3 度。

应注意水样应无碎屑及易沉颗粒；器皿清洁，水样中无气泡；在 680nm 下测定天然水中存在的淡黄色、淡绿色应无干扰。

2. 目视比浊法

将水样与用硅藻土（或白陶土）配制的浊度标准溶液进行比较，用目视比浊法确定水样的浊度。我国规定用 1L 蒸馏水中含有 1mg 一定粒度的硅藻土所产生的浊度称为 1 度。

该方法适用于饮用水和水源水等低浊度水，最低检测浊度为 1 度。

应注意加抑制剂，如氯化汞等以防止菌类生长。

3. 浊度计法

浊度计是依据浑浊液对光进行散射或透射的原理制成的，在一定条件下，将水样的散射光强度与相同条件下的标准参比悬浮液（硫酸肼与六亚甲基四胺）的散射光强度相比较，即得水样的浊度，浊度单位为 NTU。

该方法适用于水体浊度的连续自动在线监测。

应注意定期用标准浊度溶液校正浊度仪。

四、残渣

残渣的测定通常采用称量法。残渣一般分为总残渣、总可滤残渣和总不可滤残渣，反映水中溶解性物质和不溶性物质含量的指标。

$$总残渣=总可滤残渣+总不可滤残渣$$

1. 总残渣

总残渣是水和污水在一定的温度下蒸发、烘干后剩余的物质，水样烘干后用称量法测定。测定时取适量（50mL）振荡均匀的水样于称至恒重的蒸发皿中，在蒸气浴上蒸干，移入 103~105℃烘箱内烘至恒重（大约 1h），增加的质量即为总残渣。

$$总残渣量（mg/L）=\frac{(m-m_0)\times1000\times1000}{V}$$

式中 m ——总残渣和蒸发皿质量，g;

       m_0 ——蒸发皿质量，g;

       V ——取样体积，mL。

2. 总可滤残渣

总可滤残渣是指将过滤后的水样放在称至恒重的蒸发皿内蒸干，再在一定温度下烘到恒重所增加的质量。测定时将用 0.45μm 的滤膜或滤纸过滤后的水样于称至恒重的蒸发皿中，在蒸气浴或水浴上蒸干，移入 103～105℃或（180±2）℃的烘箱内烘至恒重（大约 1h），增加的质量即为总可滤残渣。一般测定温度为 103～105℃，有时要求测定（180±2）℃烘干的总可滤残渣。

3. 总不可滤残渣（SS）

总不可滤残渣即悬浮物（SS）。是指水样经过滤后留在过滤器上的固体物质，于 103～105℃烘干至恒重得到的物质质量。常用滤纸、0.45μm 滤膜、石棉坩埚等为滤器，测定结果与选用滤器有关，因此须注明。测定时用已恒重的 0.45μm 滤膜过滤一定量（50mL）水样，将载有悬浮物的滤膜，移入烘箱中于 103～105℃下烘干至恒重（大约 2h），增加的质量即为总不可滤残渣。

应注意水样不宜保存，尽快分析；水样较清时，多取水样，使悬浮物质量在 50～100mg 之间；水样中不得加任何化学试剂；漂浮和浸没的物质不属于悬浮物。

五、透明度

透明度是指水样的澄清程度，洁净的水是透明的。当水中存在悬浮物和胶体时，透明度降低。透明度与浊度含义相反。

常用的测定方法有铅字法、塞氏盘法、十字法等。

1. 铅字法

根据检验人员的视力观察水样的澄清程度。从透明度计（如图 1-17 所示）筒口垂直向下观察，清楚看到透明度计底部标准铅字印刷符号时，即为水柱高度用 cm 表示的透明度。透明度计是一种长 33cm，内径 2.5cm 的玻璃筒，上面有 cm 为单位的刻度，筒底有一磨光的玻璃片。筒与玻璃片之间有一个胶皮圈，用金属夹固定。距玻璃筒底部 1～2cm 处有一放水侧管，底部有标准印刷符号。测定时将振荡均匀的水样立即倒入筒内至 30cm 处，从筒口垂直向下观察，如不能清楚地看见印刷符号，慢慢放出水样，直到刚好能辨认出符号为止。记录此时水柱高度，估计至 0.5cm。

该方法适用于天然水和处理后的水。

应注意透明度计放在光线充足的位置，如放在离直射阳光窗户约 1m 的地方；该方法受检验人员主观影响较大，一般多次或数人测定取平均值。

2. 塞氏盘法

将塞氏盘沉入水中，以刚好看不到它时的水深（cm）表示透明度。塞氏盘（如图 1-18 所示）是以较厚的白铁片剪成直径 200mm 的圆板，用漆涂成黑白各半的圆盘，正中间开小孔，穿一铅丝，下面加一铅锤，上面系小绳，绳上有刻度。测定时将塞氏盘从船的背光处放入水

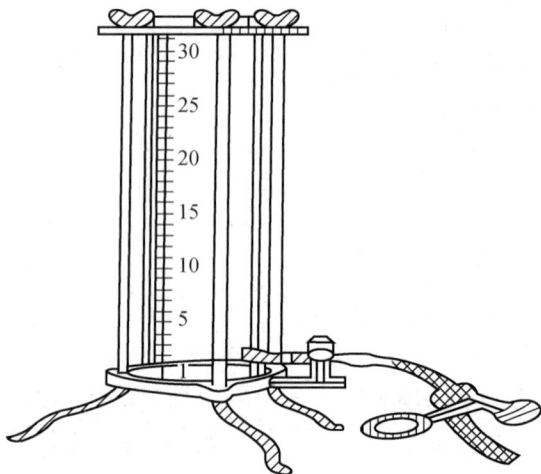

图 1-17 透明度计

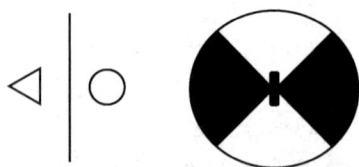

图 1-18 塞氏盘侧面（左图）、正面（右图）

中，逐渐下沉，至恰好不能看见盘面的白色时，记录其刻度，观察时需反复 2～3 次。

该方法适用于现场测定。

3. 十字法

在内径为 30mm，长为 0.5m 或 1.0m 的刻度玻璃筒的底部放一白瓷片，片中部有宽度为 1mm 的黑色十字和四个直径为 1mm 的黑点，从筒顶观察明显看到十字，看不到四个黑点时，用水柱高度（cm）表示透明度。测定时将振荡均匀的水样倒入筒内，除去水中气泡后，从筒下部徐徐放入直至明显看到十字，而看不到四个黑点为止，记录水柱高度（cm）。

六、电导率（电导仪法）

电导率是以数字表示溶液传导电流的能力。纯水电导率很小，当水中含有无机酸、碱或盐时，电导率增加。电导率常用于间接推测水中离子成分的总浓度，水溶液的电导率取决于离子的性质和浓度、溶液的温度和黏度等。

不同类型的水有不同的电导率。新鲜蒸馏水的电导率为 0.5～2μS/cm，但放置一段时间后，因吸收了二氧化碳，增加到 2～4μS/cm；超纯水的电导率小于 0.1μS/cm；天然水的电导率多在 50～500μS/cm；矿化水电导率可达 500～1000μS/cm；含酸、碱、盐的工业废水电导率往往超过 10000μS/cm；海水的电导率约为 30000μS/cm。

电导率随温度的变化而变化，温度每升高 1℃，电导率增加约 2%，通常规定 25℃为测定电导率的标准温度。如果温度不是 25℃，必须进行温度校正，经验公式为

$$K_t = K_s \left[1 + \alpha(t - 25) \right]$$

式中　　K_t ——25℃时的电导率；

　　　　K_s ——温度 t 时的电导率；

　　　　α ——各种离子电导率的平均温度系数，定为 0.022。

七、臭

无臭无味的水虽不能保证是安全的，但有利于提升使用者对水质的信任。臭是检验原水和处理水质的必测项目之一，检验臭也是评价水处理效果和追踪污染源的一种手段。臭较复杂，很难鉴定产臭物质的组成。

常用的测定方法有定性描述法和臭阈值法。

1. 定性描述法

检验人员依靠自己的嗅觉，在 20℃和煮沸后稍冷闻其臭，用适当的词句描述臭特性，按六个等级报告臭强度，见表 1-8。

表 1-8　臭强度等级

等级	强度	说明
0	无	无任何气味
1	微弱	一般使用者难以察觉，嗅觉敏感者可以察觉
2	弱	一般使用者刚能察觉
3	明显	已能明显察觉，不加处理，不能饮用
4	强	有很明显的臭味
5	很强	有很强烈的恶臭

测定时取 100mL 水样置于 250mL 锥形瓶内，用热水或冷水在瓶外调节水温至（20±2）℃振荡瓶内水样，从瓶口闻水的臭味，用适当文字描述，并记录其强度；取一个小漏斗放在瓶口，把瓶内水样加热至沸腾，立即取下，稍冷，再闻水的臭味，用适当文字描述，并记录其强度。

该方法适用于天然水、饮用水、生活污水和工业废水。

应注意水样用具塞玻璃瓶采集，不要用塑料容器；应尽快分析；水样有余氯时用新配制的 3.5g/L 硫代硫酸钠脱氯，脱氯前后各测一次；此法受人的嗅觉影响较大。

2. 臭阈值法

用无臭水稀释水样，直至闻出最低可辨别臭气的浓度，表示臭的阈限。水样稀释到刚好闻出臭味时的稀释倍数，称为臭阈值。

$$臭阈值 = \frac{水样体积（mL）+ 无臭水体积（mL）}{水样体积（mL）}$$

因检验人员嗅觉敏感性有差别，所以某一水样并无绝对臭阈值。一般选 5 人，最好 10 人或更多。可用邻甲酚或正丁醇测试检臭人员的嗅觉敏感程度。在实际工作中，常用五种不同臭味的物质，让受试人员嗅他们的臭味，全部正确者为合格。

测定时用水样和无臭水在锥形瓶中配制水样稀释系列。一般使水样和无臭水总体积为 200mL。在水浴上加热至（60±1）℃时检验人员取出锥形瓶，振荡 2～3s，去塞，闻其臭气，与无臭水对比，确定刚好闻出臭气的稀释样。

该方法适用于近无臭的天然水至臭阈值高达数千的工业污水，在科学研究与水处理工作中广泛采用。

应注意如水样中含余氯，脱氯前后各检验一次；无臭水不能用蒸馏水代替，可用水通过颗粒活性炭制取；检验人员应避免外来气味刺激，嗅觉迟钝者不得参检；确定刚好闻出臭气的臭味较难，一般先确定无气味时的稀释倍数，其前一个稀释倍数即为刚好闻出臭味样。

学习笔记

任务二 水体中氨氮含量的测定

任务目标

1. 掌握纳氏试剂比色法测定氨氮的原理和操作。
2. 巩固分光光度计的操作过程。
3. 掌握水样预处理方法。

【任务引领】

一、原理

氨氮以游离氨（NH_3）和铵盐（NH_4^+）的形式存在于水体中，当 pH 值偏高时，游离氨比例较高；当 pH 值偏低时，铵盐比例较高。氨氮的污染源主要有生活污水中含氮有机物分解产物、工业废水如焦化废水、氨化肥厂废水等和农田排水。

含氮的测定方法有纳氏试剂分光光度法、滴定法、水杨酸-次氯酸盐分光光度法、电极法。

水样的预处理有两种方法。一种是絮凝沉淀法，指在水样中加入适量硫酸锌溶液，加入氢氧化钠溶液，生成氢氧化锌沉淀，经过滤即可除去颜色和浑浊等。也可以在水样中加入氢氧化铝悬浮液，过滤除去颜色和浑浊。另一种是蒸馏法，指调节水样的 pH 为 6.0～7.4，加入适量氧化镁使其显微碱性（或加入 pH=9.5 的 $Na_4B_4O_7$-NaOH 缓冲溶液使其呈弱碱性），蒸馏，释出的氨被吸收于硫酸或硼酸溶液中。纳氏试剂法和滴定法用硼酸为吸收液，水杨酸-次氯酸盐法用 H_2SO_4 为吸收液。

水样有色、浑浊或含其他一些干扰物质时，会影响氨氮的测定。对于较清洁的水，采用絮凝沉淀法；对污染严重的水或工业废水，采用蒸馏法。

纳氏试剂分光光度法指在水样中加入碘化钾和碘化汞的强碱性溶液（纳氏试剂），与氨反应生成黄棕色胶态化合物，此颜色在较宽的波长范围内具有强烈吸收。通常于 410～425nm 波长处测吸光度，求出水样中氨氮含量其作用原理为

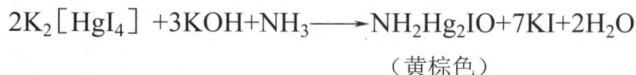

$$2K_2[HgI_4]+3KOH+NH_3\longrightarrow NH_2Hg_2IO+7KI+2H_2O$$
（黄棕色）

该法适用于地表水、地下水、生活污水和工业废水。最低检出浓度为 0.025mg/L，测定上限为 2mg/L。采用目视比浊法时最低检出浓度为 0.02mg/L。

应注意脂肪胺、芳香胺、醛类、丙酮、醇类和有机氯胺等有机化合物，以及铁、锰、镁和硫等无机离子，因产生异色或浑浊干扰测定，应预处理去除；易挥发的还原性物质，在酸性条件下加热去除；金属离子，加入适当掩蔽剂去除；碘化汞与碘化钾的比例，对显色反应

灵敏度有影响。

二、仪器和试剂

（1）分光光度计。

（2）吸收液　20g/L 硼酸水溶液。

（3）纳氏试剂　称取 20g 碘化钾溶于约 25mL 水中，边搅拌边分次少量加入二氯化汞（$HgCl_2$）结晶粉末约 10g，至出现朱红色沉淀不再溶解时，改为滴加饱和二氯化汞溶液，并充分搅拌，当出现微量朱红色沉淀不再溶解时，停止滴加二氯化汞溶液。另称取 60g 氢氧化钾溶于水，并稀释至 250mL，冷却至室温后，将上述溶液徐徐注入氢氧化钾溶液中，用水稀释至 400mL，混匀。静置过夜，将上清液移入聚乙烯瓶中，密封保存。

（4）酒石酸钾钠溶液　称取 50g 酒石酸钾钠（$KNaC_4H_4O_6 \cdot 4H_2O$）溶于 100mL 水中，加热煮沸以除去氨，放冷。定容至 100mL。

（5）铵标准储备液（1.0mg/mL）　称取 3.819g 在 100℃ 干燥过的氯化铵（NH_4Cl）溶于水中，移入 1000mL 容量瓶中，稀释至标线。

（6）铵标准使用溶液（0.010mg/mL）　移取 5.00mL 铵标准储备液于 500mL 容量瓶中，用水稀释至标线。

（7）硫酸锌溶液（10%）。

（8）氢氧化钠溶液（25%）。

（9）硫代硫酸钠溶液（0.35%）。

（10）淀粉-碘化钾试纸。

三、操作步骤

（1）采样　按采样要求采集具有代表性的水样于聚乙烯瓶或玻璃瓶中。

（2）样品保存　采样后尽快分析，否则应在 2～5℃ 下存放，或用硫酸（$\rho=1.84g/mL$）将样品酸化，使其 pH 值小于 2（应注意防止酸化样品吸收空气中的氨而被污染）。

（3）水样预处理　采用絮凝沉淀法。取 100mL 水样，加入 1mL 10%硫酸锌溶液和 0.1～0.2mL 氢氧化钠溶液，调节 pH 至 10.5 左右，混匀。放置使之沉淀。用经无氨水充分洗涤过的中速滤纸过滤，弃去初滤液 20mL。若水样中含有余氯，可在絮凝沉淀前加入适量（每 0.5mL 可除去 0.25mg 余氯）硫代硫酸钠溶液，用淀粉-碘化钾试纸检验。若絮凝沉淀法处理后仍浑浊和带色，应采用蒸馏法处理水样，用硼酸水溶液吸收。

（4）标准曲线绘制　吸取 0、0.50mL、1.00mL、2.00mL、3.00mL、5.00mL、7.00mL、10.00mL 铵标准使用液于 50mL 比色管中，加水至标线，加 1.0mL 酒石酸钾钠，混匀。加 1.5mL 纳氏试剂，混匀。放置 10min 后，在波长 420nm 处，用 20mm 比色皿，以水为参比，测定吸光度，减去零浓度空白管的吸光度后，得到校正吸光度，绘制以氨氮含量（mg/L）表示校正吸光度的标准曲线。

（5）水样测定　若取适量絮凝沉淀预处理后的水样（使氨氮含量不超过 0.1mg），加入 50mL 比色管中，稀释至标线；若取适量蒸馏预处理的馏出液，加入 50mL 比色管中，加一定量 1mol/L 氢氧化钠溶液以中和硼酸，稀释至标线。

　　向上述比色管中加入 1.0mL 酒石酸钾钠溶液，混匀。再加入 1.5mL 纳氏试剂，混匀，放置 10min 后，按标准曲线绘制测定条件测水样的吸光度。用 50mL 无氨水代替水样，同时做空白试验。

四、数据处理

由水样测得的吸光度减去空白试验的吸光度后，从标准曲线上查氨氮含量（mg/L）。

$$氨氮含量（NH_3\text{-}N，mg/L）= \frac{m}{V_样} \times 1000$$

式中　m ——由标准曲线查得的氨氮质量，mg；

　　　$V_样$ ——水样的体积，mL。

五、注意事项

1. 纳氏试剂中碘化汞与碘化钾的比例对显色反应的灵敏度有较大影响。静置后生成的沉淀应去除。

2. 滤纸中常含有痕量的铵盐，使用时注意用无氨水洗涤。所用玻璃器皿应避免实验室空气中氨的沾污。

📝 **学习笔记**

班级:	姓名:	学号:	成绩:

任务名称：水体中氨氮含量的测定 　　　　　　　　　　　　　　　　　　　　日期：

一、任务要求

1. 掌握水样预处理方法。
2. 掌握纳氏试剂比色法测定氨氮的原理和操作。
3. 巩固分光光度计的操作过程。

二、思考题

1. 测定氨氮时的干扰物质有哪些？如何消除？
2. 絮凝沉淀法和蒸馏法预处理各适用于何种水样？
3. 试比较蒸馏滴定法和纳氏试剂比色法的特点及适用范围。
4. 测定氨氮的意义是什么？
5. 无氨水的配制方法是什么？

三、基本原理

四、仪器药品

1. 所用仪器

2. 所用药品

五、数据记录表格

六、注意事项

1. 纳氏试剂中碘化汞与碘化钾的比例对显色反应的灵敏度有较大影响。静置后生成的沉淀应去除。
2. 滤纸中常含有痕量的铵盐，使用时注意用无氨水洗涤。所用玻璃器皿应避免实验室空气中氨的沾污。

七、预习中出现的问题

【知识链接】　　　　非金属无机物的监测

水体中的非金属无机物很多，进行监测的项目包括 pH 值、氟化物、溶解氧、硫化物、氰化物、含氮化合物、砷等。

一、氟化物

氟化物是人体必需的微量元素，广泛存在于天然水体中，饮用水中含氟的适宜浓度为 0.5～1.0mg/L（F^-）。当长期饮用含氟量高于 1～1.5mg/L 的水时，则易患氟斑牙，若水中含氟量高于 4mg/L 时，则可导致氟骨病，而缺氟易患龋齿。氟化物的污染源有钢铁、有色冶金、铝加工、焦炭、玻璃、陶瓷、电子、电镀、化肥、农药及含氟矿物等制造工业排放的废水。

氟化物的测定方法有氟离子选择电极法、氟试剂分光光度法、茜素磺酸锆目视比色法、离子色谱法和硝酸钍滴定法。

二、硫化物

地下水（特别是温泉水）及生活污水通常含有硫化物，其中一部分是在厌氧条件下，由于细菌的作用，使硫酸盐还原或由含硫有机物分解而产生的。水体中的硫化物包括溶解性的 H_2S、HS^- 和 S^{2-}，存在于悬浮物中的可溶性硫化物、可溶于酸性的金属硫化物及未电离的有机、无机类硫化物。硫化物的主要污染源有焦化、造纸、造气、选矿、印染、制革等工业排放废水。

硫化物的测定方法有对氨基二甲基苯胺分光光度法、碘量法、电位滴定法、离子色谱法、极谱法、库仑滴定法、比浊法等。

测定硫化物的关键是试样的预处理，应保证既消除干扰又不造成硫化物的损失。水样的预处理有三种方法，分别是乙酸锌沉淀-过滤法、酸化-吹气法、过滤-酸化-吹气分离法。

1. 乙酸锌沉淀-过滤法

当水样中只含有少量硫代硫酸盐、亚硫酸盐等干扰物质时，可将现场采集并已固定的水样（已加入乙酸锌溶液）用中速定量滤纸或玻璃纤维滤膜进行过滤，然后按含量高低选择适当方法，直接测定沉淀中的硫化物。

2. 酸化-吹气法

若水样中存在悬浮物或浑浊度高、色度深时，可将现场采集固定后的水样加入一定量的磷酸，使水样中的硫化锌转变为硫化氢气体，利用载气将硫化氢吹出，用乙酸锌-乙酸钠溶液或 2%氢氧化钠溶液吸收，再进行测定。

3. 过滤-酸化-吹气分离法

若水样污染严重，不仅含有不溶性物质及影响测定的还原性物质，而且浊度和色度都高时，宜用此法。即将现场采集且固定的水样用中速定量滤纸或玻璃纤维滤膜过滤后，按酸化吹气法进行预处理。

三、氰化物

氰化物属于剧毒物，对人体的毒性主要是与高铁细胞色素氧化酶结合，生成氰化高铁细胞色素氧化酶而失去传递氧的作用，引起人体组织缺氧窒息。水体中的氰化物以简单氰化物、配合氰化物和有机氰化物的形式存在。其中简单氰化物易溶于水，毒性大，配合氰化物在水体中受 pH 值、水温和光照等影响解离为简单氰化物。地表水一般不含氰化物，其主要污染源有电镀、选矿、焦化、造气、洗印、石油化工、有机玻璃制造、农药等工业排出的废水。

氰化物的测定方法有：硝酸银滴定法、异烟酸-吡唑啉酮分光光度法、吡啶-巴比妥酸分光光度法、离子选择电极法。

水样的预处理有两种方法。一是向水样中加入酒石酸和硝酸锌，调节 pH=4，加热蒸馏，则简单氰化物和部分配合氰化物[如 $Zn(CN)_4^{2-}$]以氰化氢形式被蒸馏出来，用氢氧化钠溶液吸收。取此蒸馏液，测得的氰化物为易释放的氰化物。二是向水样中加入磷酸和 EDTA，在 pH<2 的条件下加热蒸馏，此时可将全部简单氰化物和除钴氰配合物外的绝大部分配合氰化物以氰化氢的形式蒸馏出来，用氢氧化钠溶液吸收，取该蒸馏液，测得的结果为总氰化物。

四、含氮化合物

含氮化合物包括无机氮和有机氮。其随生活污水和工业废水中大量含氮化合物进入水体，氮的自然平衡遭到破坏，使水质恶化，是产生水体富营养化的主要原因。有机氮在微生物作用下，逐渐分解变成无机氮，如蛋白质 ——→ 氨基酸 ——→ 氨 $\xrightarrow{2\sim10d}$ 亚硝酸盐 $\xrightarrow{2\sim4d}$ 硝酸盐。因此测定水样中各种形态的含氮化合物有助于评价水体被污染和自净的情况。

1. 亚硝酸盐氮（NO_2^--N）

亚硝酸盐是含氮化合物分解过程中的中间产物，不稳定，是毒性较大的致癌物质。根据水环境条件的不同，亚硝酸盐氮可被氧化成硝酸盐，也可被还原成氨。一般天然水中含量不超过 0.1mg/L。亚硝酸盐氮的主要污染源有石油、燃料燃烧、染料、药厂、试剂厂等工业排放的废水。

亚硝酸盐氮的测定方法有 N-（1-萘基）-乙二胺分光光度法和离子色谱法。

（1）N-（1-萘基）-乙二胺分光光度法　在磷酸介质中，pH=1.8±0.3 时，亚硝酸盐与对氨基苯磺酰胺反应，生成重氮盐，再与 N-（1-萘基）-乙二胺偶联生成红色染料，于 540nm 波长处测定吸光度，求出水样中亚硝酸盐氮含量。

该法适用于饮用水、地表水、地下水、生活污水和工业废水。最低检出浓度为 0.003mg/L，测定上限为 0.20mg/L。

应注意氯胺、氯、硫代硫酸盐、聚磷酸钠和高铁离子明显干扰该测定方法；水样呈碱性（pH≥11）时，可加酚酞为指示剂，滴加磷酸溶液至红色消失测得亚硝酸盐氮含量；水样有颜色或悬浮物，可加氢氧化铝悬浮液并过滤测得亚硝酸盐氮含量。

（2）离子色谱法　离子色谱法（IC）是利用离子交换的原理，连续对多种阳离子或阴离子进行分离，定性和定量分析的方法。仪器由输液泵、进样阀、分离柱、抑制柱和电导检测器组成，如图 1-19 所示。

分离操作过程是指分析阳离子时，分离柱为低容量的阳离子交换树脂，用盐酸溶液作淋洗液，注入样品溶液后，被测离子随淋洗液进入分离柱，基于各种阳离子对低容量阳离子交换树脂的亲和力不同而彼此分开，在不同的时间内随盐酸淋洗液进入抑制柱，在此盐酸被强碱性树脂中和，变成低电导的去离子水，使待测阳离子得以依次进入电导池而被测定。分析阴离子时，分离柱用低容量的阴离子交换树脂，抑制柱用强酸性阳离子交换树脂，淋洗液用氢氧化钠溶液或碳酸钠与碳酸氢钠的混合溶液。淋洗液载带水样在分离柱中将待测阴离子分离后，进入抑制柱被中和或抑制变成低电导的去离子水或碳酸，使待测阴离子得以依次进入电导池而被测定。

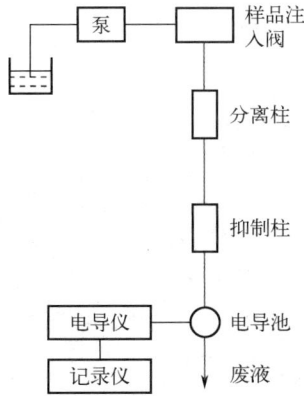

图 1-19 离子色谱法分析流程

例如用离子色谱法可测水样中的 F^-、Cl^-、NO_2^-、PO_4^{3-}、Br^-、NO_3^-、SO_4^{2-} 等阴离子。分离柱选用 R—$N^+HCO_3^-$ 型阴离子交换树脂，抑制柱选用 RSO_3H 型阳离子交换树脂，0.0024mol/L 碳酸钠与 0.0031mol/L 碳酸氢钠的混合溶液为淋洗液。

分离柱发生如下反应：R—$N^+HCO_3^-$+Na+X^- ⇌ R—N^+X^-+$NaHCO_3$（X^-=F^-、Cl^-、NO_2^-、PO_4^{3-}、Br^-、NO_3^-、SO_4^{2-}）

抑制柱发生如下反应：$RSO_3^-H^+$+$NaHCO_3$ ⇌ $RSO_3^-Na^+$+H_2CO_3

$$2RSO_3^-H^+ + Na_2CO_3 \rightleftharpoons 2RSO_3^-Na^+ + H_2CO_3$$

$$Na^+X^- + RSO_3^-H^+ \rightleftharpoons RSO_3^-Na^+ + HX^-$$

由柱上反应可见，淋洗液转变成低电导的碳酸，而在抑制柱中待测离子以盐的形式转换为等当量的酸，分别进入电导池中测定。将测得的各离子的峰高或峰面积与混合标准溶液的相应峰高或峰面积比较，即可得知水样中各种离子浓度。离子色谱图如图 1-20 所示。

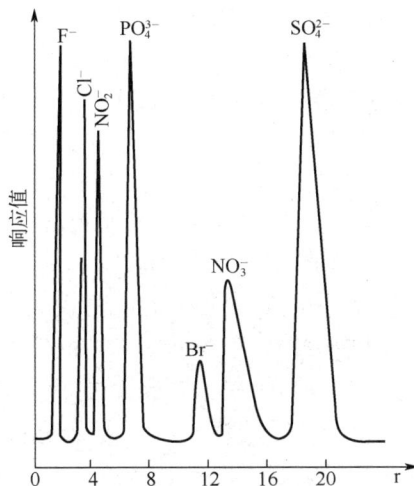

图 1-20 离子色谱图

该方法的测定下限一般为 0.1mg/L。当进样量为 100μL，用 10μs 满刻度电导检测器时 F^- 浓度为 0.02mg/L，Cl^- 为 0.04mg/L，NO_2^- 为 0.05mg/L，NO_3^- 为 0.10mg/L，Br^- 为 0.15mg/L，PO_4^{3-} 为 0.20mg/L，SO_4^{2-} 为 0.10mg/L。

该方法可以连续测定饮用水、地表水、地下水、雨水中的 F^-、Cl^-、Br^-、NO_2^-、NO_3^-、PO_4^{3-}、SO_4^{2-}。

2. 硝酸盐氮（NO_3^--N）

水体中的硝酸盐是在有氧环境下各种形态的含氮化合物中最稳定的形式，即最终阶段的分解产物。清洁地表水含量较低，受污染的水体以及深层地下水含量较高。人体摄入的硝酸盐经肠道中微生物作用转变成亚硝酸盐而呈现毒性作用。硝酸盐氮的污染源有制革、酸洗废水，某些生化处理设施的出水及农田排水。

硝酸盐氮的测定方法有酚二磺酸分光光度法、镉柱还原法、戴氏合金还原法、离子选择电极法、紫外分光光度法、离子色谱法。

（1）酚二磺酸分光光度法　硝酸盐在无水情况下与酚二磺酸反应，生成硝基二磺酸酚，在碱性溶液中生成黄色的硝基酚二磺酸三钾盐化合物，于 410nm 波长处测定吸光度，求出水样中硝酸盐氮含量。

该法适用于饮用水、地下水和清洁地表水。最低检出浓度为 0.02mg/L，测定上限为 2.0mg/L。

应注意水样中含氯化物、亚硝酸盐、铵盐、有机物和碳酸盐时，会干扰测定，可加入 Ag_2SO_4 溶液去除氯化物，加入 $KMnO_4$ 溶液使亚硝酸盐氧化为硝酸盐，最后从硝酸盐测定结果中减去亚硝酸盐氮量；水样浑浊、有色时，加入氢氧化铝悬浮液吸附过滤去除。

（2）镉柱还原法　在一定条件下，水样通过镉还原柱（铜-镉、汞-镉、海绵状镉）使硝酸盐还原为亚硝酸盐，然后用 N-(1-萘基)-乙二胺分光光度法测定亚硝酸盐含量。硝酸盐氮含量由测得的总亚硝酸盐氮减去未还原水样所含亚硝酸盐氮。

该法适用于硝酸盐含量较低的饮用水、清洁地表水和地下水。浓度测定范围为 0.01～0.40mg/L 硝酸盐氮。

应注意水样中悬浮物易堵塞柱子，应用过滤法将其去除；水样中铜、铁等金属离子含量较高时，会降低其还原效率，应加入 EDTA 去除。

（3）戴氏合金还原法　水样在碱性条件下，硝酸盐可被戴氏合金（含 50%Cu、45%Al、5%Zn）在加热情况下定量还原为氨，蒸馏出后被硼酸溶液吸收，用纳氏试剂分光光度法或滴定法测定。该法适用于水样中硝酸盐氮含量大于 2mg/L，带深色的污染严重的水及含大量有机物或无机盐的废水。

应注意亚硝酸盐会干扰测定，可在酸性条件下加入氨基磺酸去除；水样中氨及铵盐会干扰测定，在加入戴氏合金前，于碱性介质中蒸馏去除。

（4）紫外分光光度法　利用硝酸根离子在 220nm 波长处的吸收而定量测定硝酸盐氮含量。溶解的有机物在 220nm 处也有吸收，因硝酸根离子在 275nm 处没有吸收，因此在 275nm 处作另一次测量，以校正硝酸盐氮值。即在 220nm 处的吸光度减去经验校正值（在 275nm 处测得吸光度的 2 倍）为硝酸根离子的吸光度。用紫外分光光度计进行定量测定。

该法适用于清洁地表水和未受明显污染的地下水。最低检出浓度为 0.08mg/L，测定上限为 4mg/L。

应注意水样中的有机物、表面活性剂、亚硝酸盐、六价铬、溴化物、碳酸氢盐和碳酸盐等会干扰测定，须进行预处理。采用絮凝共沉淀和大孔中性吸附树脂进行处理，以去除水样中大部分常见有机物、浊度和六价铬、高价铁。

3. 凯氏氮

凯氏氮是指以凯氏法测得的含氮量。它包括了氨氮和在此条件下能被转化为铵盐而测定的有机氮化合物。此类有机氮化合物主要有蛋白质、肽、胨、核酸、尿素、氨基酸以及大量合成的氮为负三价形态的有机氮化合物，不包括硝酸盐、亚硝酸盐、硝基化合物、叠氮化合物等。有机氮含量为测定的凯氏氮和氨氮含量之差，若直接测定有机氮时，可先将水样预蒸馏除去氨氮，再以凯氏法测定。

取一定体积的水样于凯氏烧瓶中，加入浓硫酸并加热消解，使有机物中的氨基氮转变为硫酸氢铵，游离氨和铵盐也转为硫酸氢铵。消解时加入适量硫酸钾以提高沸腾温度，增加消解速率，并加硫酸铜（或硫酸汞）为催化剂，以缩短消解时间，然后在碱性介质中蒸馏出氨，用硼酸溶液吸收，以分光光度法或滴定法测定的氨氮含量即为凯氏氮含量。

测定有机氮和凯氏氮主要是为了了解水体受污染状况，对评价湖泊和水库的富营养化有实际意义。

4. 总氮

总氮为分别测定的有机氮和无机氮化合物之和。亦可用过硫酸钾氧化-紫外分光光度法测定。

五、砷

砷是人体非必需元素，元素砷的毒性极低，而其化合物均有剧毒，其中三价砷毒性最强。砷化物在人体中累积后毒性大，易致癌，微量砷危害很小。饮用水中砷的最高允许浓度为0.01ppm，砷的污染源主要有采矿、冶金、化工、化学制药、纺织、玻璃、制革等排出的污水。

砷的测定方法有新银盐分光光度法、二乙氨基二硫代甲酸银分光光度法和原子吸收分光光度法。

1. 新银盐分光光度法

硼氢化钾（或硼氢化钠）在酸性溶液中，会产生新生态的氢，将水样中无机砷还原成砷化氢气体，以硝酸-硝酸银-聚乙烯醇-乙醇溶液为吸收液。砷化氢将吸收液中的银离子还原成单质胶态银使溶液呈黄色，黄色在2h内无明显变化，颜色强度与生成氢化物的量成正比。于400nm波长处测定吸光度，求出水样中砷的含量。该法适用于地表水和地下水痕量砷。

如图1-21为砷化氢发生与吸收装置示意。

吸收液中的聚乙烯醇是胶态银的良好分散剂，但通入气体时，会产生大量的泡沫，在此加入乙醇作消泡剂。吸收液中加入硝酸，有利于胶态银的稳定。

该方法的最低检出浓度（取250mL水样）为0.0004mg/L，测定上限为0.012mg/L。

应注意锑、铋、锡等与氢形成类似砷化氢的氢化物会对测定产生正干扰，镍、钴、铁等能被氢还原产生负干扰，常见离子不干扰。在含2μg砷的250mL试样中加入15%的酒石酸溶液20mL，可消除含量为砷含量800倍的铅、锰、锌、镉，200倍的铁，80倍的镍、钴，30倍的铜，2.5倍的锡（IV），1倍的锡（II）的干扰；用浸渍二甲基甲酰胺脱脂棉可消除含量为砷含量2.5倍的锑、铋，0.5倍的锗的干扰；用醋酸铅棉可消除硫化物的干扰；水体中含量较低的碲、硒对该方法无影响。

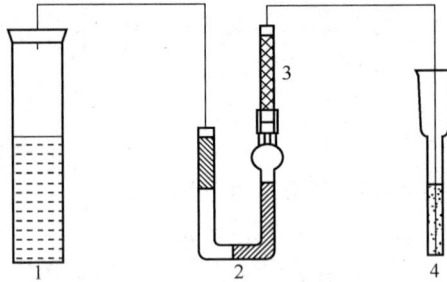

图 1-21 砷化氢发生与吸收装置

1—反应管，水样中的砷化物在此转变成 AsH₃；2—U 型管，装有二甲基甲酰胺（DMF）、乙醇胺、
三乙醇胺混合溶剂浸渍的脱脂棉，用以消除锑、铋、锡等元素的干扰；3—脱胺管，内装吸有无水硫酸钠和硫酸氢
钾混合粉的脱脂棉，用于除去有机胺的细沫或蒸气；4—吸收管，装有吸收液，吸收 AsH₃ 并显色

2. 二乙氨基二硫代甲酸银分光光度法

锌与酸作用会产生新生态氢。在碘化钾和氯化亚锡存在下，五价砷还原为三价，三价砷被新生态氢还原成气态砷化氢。用二乙氨基二硫代甲酸银-三乙醇胺的三氯甲烷溶液吸收砷化氢，生成红色胶体银，于 510nm 波长处测吸光度，求出水样中砷的含量。

该法适用于地表水、地下水、饮用水和工业污水。最低检出浓度（取 50mL 水样）为 0.007mg/L 砷，测定上限为 0.50mg/L 砷。

应注意硫化物对测定有干扰，可通过乙酸铅棉去除；铬、钴、铜、镍、汞、银或铂的浓度高达 5mg/L 时不干扰测定；锑和铋能生成氢化物与吸收液作用生成红色胶体银干扰测定，加入氯化亚锡和碘化钾，可抑制 300μg 锑盐的干扰；加酸消解破坏有机物的过程中，勿使溶液变黑，否则砷可能损失；为避免高温使还原反应更激烈，可适当减少浓硫酸用量，或把砷化氢发生瓶放入冷水浴中。

六、阴离子洗涤剂

阴离子洗涤剂主要指直链烷基苯磺酸钠和烷基磺酸钠类物质。洗涤剂的污染会造成水面产生不易消失的泡沫，并消耗水中的溶解氧。

常用的水中阴离子洗涤剂的测定方法是亚甲蓝分光光度法。

阴离子染料亚甲蓝与阴离子表面活性剂（包括直链烷基苯磺酸钠、烷基磺酸钠和脂肪醇硫酸钠）作用，生成蓝色的离子对化合物，这类能与亚甲蓝作用的物质统称亚甲蓝活性物质（MBAS），生成的显色物可被三氯甲烷萃取，其色度与浓度成正比，用分光光度计在波长652nm 处测量三氯甲烷层的吸光度。该法适用于测定饮用水、地表水、生活污水及工业废水中溶解态的低浓度亚甲蓝活性物质，亦即阴离子表面活性物质。在实验条件下，主要被测物是直链烷基苯磺酸钠（LAS）、烷基磺酸钠和脂肪醇硫酸钠，但亦可能由于含有能与亚甲蓝起显色反应并被三氯甲烷萃取的物质而产生一定的干扰。当采用 10mm 比色皿，样品为 100mL时，该法的最低检出浓度为 0.050mg/L（LAS），检测上限为 20mg/L（LAS）。

七、总磷

天然水体中的磷以各种形式存在，如正磷酸盐、过磷酸盐、偏磷酸盐和多磷酸盐等，但磷含量很低。磷是生物生长的必备元素，但含量又不能过高，如果水体中磷含量大于 0.2mg/L时，可造成藻类的过度生长，直至达到富营养化的有害程度，使水体透明度降低，造成绿潮、赤潮的发生。水中磷的污染主要来自化肥、冶炼、合成洗涤剂等行业以及生活污水排放。

水质中总磷的测定采用钼酸铵分光光度法。总磷包括溶解的、颗粒的、有机的和无机的磷。

在中性条件下用过硫酸钾（或硝酸-高氯酸）使试样消解，将所含的磷全部氧化为正磷酸盐。在酸性介质中，正磷酸盐与钼酸铵反应，在锑盐存在下生成磷钼杂多酸，用抗坏血酸还原成钼蓝测定。测定中还原剂很多，抗坏血酸较好。正磷酸与钼酸铵的反应式为：

$$24(NH_4)_2MoO_3+2H_3PO_4+21H_2SO_4 \longrightarrow 2(NH_4)_3PO_4 \cdot 12MoO_3+21(NH_4)_2SO_4+24H_2O$$

测定时水样用过硫酸钾加热消解，然后向水样中加入抗坏血酸并混合均匀，30s 后加钼酸铵溶液显色。用 30mm 比色皿，在 700nm 波长下，以水作参比进行分光光度测定，并记录吸光度。用扣除了空白试验的吸光度值从校准曲线上查出磷的含量。

应注意采取 500mL 水样后加入 1mL 硫酸（密度为 1.84g/mL）调节样品的 pH 值，使之低于或等于 1，或不加任何试剂于冷处保存（注：含磷量较少的水样，不要用塑料瓶采样，因磷酸盐易吸附在塑料瓶壁上）。

练习题

1. 测氨氮时蒸馏效果对测定结果有无影响？试说明。
2. 水体中含氮化合物是怎样相互转换的？各种形态的含氮化合物的测定方法是什么？对评价水体有何意义？
3. 采集溶解氧水样应注意的问题有哪些？
4. 测定氰化物的水样如何预处理？常用的测定方法和原理是什么？
5. 测定水中氟化物时，加入 TISAB 的作用是什么？
6. 硫化物测定原理是什么？怎样去除干扰？
7. 砷的测定方法有哪些？简述其原理。

学习笔记

任务三　水体中六价铬含量的测定

任务目标

1. 掌握分光光度法测定六价铬的原理和操作。
2. 巩固分光光度计的操作过程。
3. 掌握水体中金属化合物的监测方法。

【任务引领】

一、原理

铬的毒性与其存在的价态有关，六价铬（以 CrO_4^{2-}、$HCrO_4^-$、H_2CrO_7、$Cr_2O_7^{2-}$ 形式存在）比三价铬毒性高 100 倍，并易被人体吸收且易在体内蓄积。三价铬和六价铬可以相互转化。当水中六价铬浓度为 1mg/L 时，水呈淡黄色并有涩味；三价铬浓度为 1mg/L 时，水的浊度明显增加，三价铬化合物对水中生物的毒性比六价铬大。天然水中不含铬；海水中铬的平均浓度为 0.05μg/L；饮用水中其浓度更低。铬的污染源有含铬矿石的加工、金属表面处理、皮革鞣制、印染等行业排放的废水。

铬的测定方法有原子吸收分光光度法、二苯碳酰二肼分光光度法、硫酸亚铁铵滴定法、极谱法、气相色谱法、中子活化法、原子吸收分光光度法、化学发光法。

二苯碳酰二肼分光光度法测六价铬是在酸性介质中，六价铬与二苯碳酰二肼（DPC）反应，生成紫红色配合物，于 540nm 波长处测定吸光度，求出水样中六价铬的含量。

该法适用于地表水和工业废水。最低检出浓度（取 50mL 水样，10mm 比色皿时）为 0.004mg/L，测定上限为 1mg/L。

应注意二价铁、亚硫酸盐、硫代硫酸盐等还原性物质干扰测定时可加显色剂，酸化后显色；浑浊、色度较深的水样在 pH=8～9 条件下，以氢氧化锌作共沉淀剂，此时 Cr^{3+}、Fe^{3+}、Cu^{2+} 均形成氢氧化物沉淀与水样中 Cr^{6+} 分离；次氯酸盐等氧化性物质干扰测定时，用尿素和亚硝酸钠去除；显色酸度一般控制在 0.05～0.3mol/L（1/2H_2SO_4），0.2mol/L 最好；水样中的有机物干扰测定时，用酸性 $KMnO_4$ 氧化去除。

测总铬是在酸性溶液中，将水样中的三价铬用高锰酸钾氧化成六价铬，六价铬与二苯碳酰二肼（DPC）反应，生成紫红色配合物，于 540nm 波长处测定吸光度，求出水样中六价铬的含量。

应注意过量的高锰酸钾用亚硝酸钠分解，过量的亚硝酸钠用尿素分解；亚硝酸钠可用叠氮化钠代替；水样中若含有大量有机物时，用硝酸-硫酸消解。

二、仪器和试剂

（1）容量瓶　500mL；1000mL。

（2）分光光度计

（3）丙酮

（4）硫酸溶液（1+1）

（5）磷酸溶液（1+1）　将磷酸（H_3PO_4，优级纯，$\rho=1.69g/mL$）与水等体积混合。

（6）氢氧化钠溶液（4g/L）

（7）氢氧化锌共沉淀剂　用时将 100mL 80g/L 硫酸锌（$ZnSO_4 \cdot 7H_2O$）溶液和 120mL 20g/L 氢氧化钠溶液混合。

（8）高锰酸钾溶液（40g/L）　称取高锰酸钾（$KMnO_4$）4g，在加热和搅拌下使之溶于水，最后稀释至 100mL。

（9）铬标准储备液　称取于 110℃ 干燥 2h 的重铬酸钾（$K_2Cr_2O_7$，优级纯）（0.2829±0.0001）g，用水溶解后，移入 1000mL 容量瓶中，用水稀释至标线，摇匀。此溶液 1mL 含 0.10mg 六价铬。

（10）铬标准溶液 A　吸取 5.00mL 铬标准储备液置于 500mL 容量瓶中，用水稀释至标线，摇匀。此溶液 1mL 含 1.00μg 六价铬。使用当天配制。

（11）铬标准溶液 B　吸取 25.00mL 铬标准储备液置于 500mL 容量瓶中，用水稀释至标线，摇匀。此溶液 1mL 含 5.00μg 六价铬。使用当天配制此溶液。

（12）尿素溶液（200g/L）　将尿素[$CO(NH_2)_2$] 20g 溶于水并稀释至 100mL。

（13）亚硝酸钠溶液（20g/L）　将亚硝酸钠（$NaNO_2$）2g 溶于水并稀释至 100mL。

（14）显色剂 A　称取二苯碳酰二肼（$C_{13}N_{14}H_4O$）0.2g，溶于 50mL 丙酮中，加水稀释到 100mL，摇匀，贮于棕色瓶，置冰箱中（色变深后，不能使用）。

（15）显色剂 B　称取二苯碳酰二肼 2g，溶于 50mL 丙酮中，加水稀释到 100mL，摇匀，贮于棕色瓶，置冰箱中（色变深后，不能使用）。

三、操作步骤

（1）采样　用玻璃瓶按采样方法采集具有代表性的水样。采样时，加入氢氧化钠，调节 pH 值约为 8。

（2）样品的预处理

① 样品中应不含悬浮物，低色度的清洁地表水可直接测定，不需预处理。

② 色度校正　当样品有色但不太深时，另取一份试样，以 2mL 丙酮代替显色剂，其他步骤同步骤（4）。试样测得的吸光度扣除此色度校正吸光度后，再进行计算。

③ 对混浊、色度较深的样品可用锌盐沉淀分离法进行前处理。取适量试样（含六价铬少于 100μg）于 150mL 烧杯中，加水至 50mL。滴加氢氧化钠溶液，调节溶液 pH 值为 7～8。在不断搅拌下，滴加氢氧化锌共沉淀剂至溶液 pH 值为 8～9。将此溶液转移至 100mL 容量瓶中，用水稀释至标线。用慢速滤纸过滤，弃去 10～20mL 初滤液，取其中 50.0mL 滤液供测定。

（3）空白试验　按相同的上述处理步骤进行空白试验，用 50mL 水代替水样。

（4）测定　取适量（含六价铬少于 50μg）无色透明水样，置于 50mL 比色管中，用水稀释至标线。加入 0.5mL 硫酸溶液和 0.5mL 磷酸溶液，摇匀。加入 2mL 显色剂 A，摇匀放置 5～10min 后，在 540nm 波长处，用 10mm 或 30mm 的比色皿，以水作参比，测定吸光度，扣除空白试验测得的吸光度后，从标准曲线上查得六价铬含量（如经锌盐沉淀分离、高锰酸钾氧化法处理的样品，可直接加入显色剂测定）。

（5）标准曲线绘制 向一系列 50mL 比色管中分别加入 0、0.20mL、0.50mL、1.00mL、2.00mL、4.00mL、6.00mL、8.00mL 和 10.00mL 铬标准溶液 A 或铬标准溶液 B（如经锌盐沉淀分离法前处理，则应加倍吸取），用水稀释至标线。然后按照测定试样的步骤（4）进行处理。

测得的吸光度减去空白试验的吸光度后，以六价铬的量为横坐标，吸光度为纵坐标绘制曲线。

四、数据处理

$$六价铬含量（mg/L）= \frac{m}{V_{样}}$$

式中　　m ——由标准曲线查得的试样含六价铬质量，μg；

$V_{样}$ ——水样的体积，mL。

六价铬含量以三位有效数字表示。

五、注意事项

1. 采样后应尽快测定，水样放置不超过 24h。
2. 玻璃仪器不能用 $K_2Cr_2O_7$ 洗液洗涤，用 HNO_3 和 H_2SO_4 的混合液洗涤。

📝 **学习笔记**

>>> **实训任务单** <<<

班级：	姓名：	学号：	成绩：

任务名称：**水体中六价铬含量的测定** 　　　　　　　　　　　　　　　　　日期：

一、任务要求

1. 掌握分光光度法测定六价铬的原理和操作。
2. 巩固分光光度计的操作过程。
3. 掌握水体中金属化合物的监测方法。

二、思考题

1. 测定水体中铬离子的含量时，为什么只测定六价铬？六价铬和三价铬的特点和区别是什么？
2. 金属化合物的监测意义是什么？

三、基本原理

四、仪器药品

1. 所用仪器

2. 所用药品

五、数据记录表格

六、注意事项

1. 采样后应尽快测定，水样放置不超过 24h。
2. 玻璃仪器不能用 $K_2Cr_2O_7$ 洗液洗涤，用 HNO_3 和 H_2SO_4 的混合液洗涤。

七、预习中出现的问题

【知识链接】　　　　　　金属化合物的监测

水体中含有大量无机金属化合物，一般都以金属离子形式存在，毒性较大的有汞、镉、铬、铅、铜、锌等金属离子，这些是金属化合物监测的重点。金属化合物监测方法有：分光光度法、原子吸收分光光度法、极谱和阳极溶出伏安法以及容量滴定法等，根据金属离子的含量、特性及共存干扰离子等选择适当的方法测定。

一、汞

汞及其化合物属于剧毒物质，特别是有机汞化合物，可由食物链进入人体，引起全身中毒。天然水含汞极少，一般不超过 0.1μg/L。我国生活饮用水标准限值为 0.001mg/L，工业废水中汞的最高允许排放浓度为 0.05mg/L。

地表水汞污染的主要来源是贵金属冶炼、食盐电解质钠、仪表制造、农药、军工、造纸、氯碱工业、电池生产、医院等行业排放的废水。

汞的测定方法有硫氰酸盐法、双硫腙分光光度法、EDTA 配位滴定法、称量法、阳极溶出伏安法、气相色谱法、中子活化法、X 射线荧光光谱法、冷原子吸收法、冷原子荧光法、中子活化法等。

二、镉

镉是人体必需的元素，镉的毒性很大，可在人体蓄积，主要损害肾脏。绝大多数淡水的含镉量低于 1μg/L。海水中镉的平均浓度为 0.15μg/L。镉的主要污染源有电镀、采矿、冶炼、染料、电池和化学工业等排放的废水。

镉的测定方法有原子吸收分光光度法、电感耦合等离子发射光谱法、双硫腙分光光度法、阳极溶出伏安法或示波极谱法。

三、铅

铅是可在人体和动植物组织中蓄积的有毒金属。其主要毒性效应是引发贫血症、神经机能失调和肾损伤。铅对水生生物的安全浓度为 0.16mg/L。世界范围内，淡水中含铅 0.06～120μg/L，中值 3μg/L；海水含铅 0.03～13μg/L，中值 0.03μg/L。铅的主要污染源有蓄电池、五金、冶金、机械、涂料和电镀工业等排放的废水。

铅的测定方法有原子吸收分光光度法、电感耦合等离子发射光谱法、双硫腙分光光度法和阳极溶出伏安法或示波极谱法。

双硫腙分光光度法是在 pH=8.5～9.5 的氨性柠檬酸盐-氰化钠的还原介质中，铅离子与双硫腙反应生成红色螯合物，用三氯甲烷（或四氯化碳）萃取后，于 510nm 处测定吸光度，求出水样中铅含量。

该方法适用于地表水和污水中痕量铅的检测。最低检出浓度（取 100mL 水样，10mm 比色皿时）为 0.01mg/L，测定上限为 0.3mg/L。

应注意使用的器皿、试剂、去离子水中不应含有痕量铅；在 pH=8～9 时 Bi^{3+}、Sn^{2+} 等会产生干扰，一般先在 pH=2～3 时用双硫腙三氯甲烷萃取除去，同时除去铜、汞、银等离子；水样中的氧化性物质（如 Fe^{3+}）易氧化双硫腙，在氨性介质中加入盐酸羟胺去除；

氰化钾可掩蔽铜、锌、镍、钴等离子；柠檬酸盐配位掩蔽钙、镁、铝、铬、铁等，防止氢氧化物沉淀。

四、铜

铜是人体必不可少的元素，过量摄入对人体有害。铜对水生生物毒性作用很大，毒性与其形态有关，游离铜离子的毒性比配合物的毒性大。有人认为铜对鱼类的起始毒性浓度为 0.002mg/L，但一般认为水体铜含量为 0.01mg/L 对鱼类是安全的。水中铜达 0.01mg/L 时，对水体自净有明显的抑制作用，世界范围内，淡水平均含铜 3μg/L，海水平均含铜 0.25μg/L，铜的污染源有电镀、冶炼、五金、石油化工和化学工业等行业排放的废水。

铜的测定方法有原子吸收分光光度法、二乙氨基二硫代甲酸钠萃取分光光度法、新亚铜灵萃取分光光度法、阳极溶出伏安法及示波极谱法。

五、锌

锌是人体必不可少的有益元素，对水生生物影响较大。锌对鱼类的安全浓度约为 0.1mg/L，水中含锌 1mg/L 时，对水体的生物氧化过程有轻微抑制作用。锌的污染源有电镀、冶金、颜料及化工等行业排放的废水。

锌的测定方法有原子吸收分光光度法、双硫腙分光光度法、阳极溶出伏安法及示波极谱法。

双硫腙分光光度法是在 pH=4.0～5.5 的醋酸盐缓冲溶液介质中，锌离子与双硫腙形成红色螯合物，用三氯甲烷（或四氯化碳）萃取后于 535nm 波长处测定吸光度，求出水样中的锌含量。

该方法适用于天然水和轻度污染的地表水。最低检出浓度（取 100mL 水样，20mm 比色皿时）为 0.005mg/L。

六、其他金属化合物

其他金属化合物的监测方法见表 1-9。

表 1-9 常见金属化合物的监测方法

元素	危害	分析方法	测定浓度范围
铍	单质及其化合物毒性都极强	石墨炉原子吸收法 活性炭吸附-铬天菁分光光度法	0.04～4μg/L 最低 0.1μg/L
镍	具有致癌性，对水生生物有明显危害；镍盐易引起过敏性皮炎	原子吸收法 丁二酮分光光度法 示波极谱法	0.01～8mg/L 0.1～4mg/L 最低 0.06mg/L
硒	生物必需微量元素，但过量能引起中毒。二价态毒性最大，单质态毒性最小	2,3-二氨基萘荧光法 3,3-二氨基联苯胺分光光度法 原子荧光法 气相色谱法（ECD）	0.15～25μg/L 2.5～50μg/L 0.2～10μg/L 最低 0.2μg/L
锑	单质态毒性低，氢化物毒性大	5-Br-PADP 分光光度法 原子吸收法	0.05～1.2mg/L 0.2～40mg/L

续表

元素	危害	分析方法	测定浓度范围
钍	既有化学毒性又有放射性辐射损伤，危害大	铀试剂III分光光度法	0.008～3.0mg/L
铀	有放射性辐射损伤，易引起急性或慢性中毒	TRPO-5Br-PADP 分光光度法	0.0013～1.6mg/L
铁	具有低毒性。工业用水中铁含量高时，产品上易形成黄斑	原子吸收法 邻菲啰啉分光光度法 EDTA 滴定法	0.03～5.0mg/L 0.03～5.00mg/L 5～20mg/L
锰	具有低毒性。工业用水中锰含量高时，产品上易形成斑痕	原子吸收法 钾氧化分光光度法 甲醛肟分光光度法	0.01～3.0mg/L 最低 0.05mg/L 0.01～4.0mg/L
钙	人体必需元素，但过高引起肠胃不适；易结垢	EDTA 滴定法 原子吸收法	2～100mg/L 0.02～5.0mg/L
镁	人体必需元素，过量有导泻和利尿作用；易结垢	EDTA 滴定法 原子吸收法	2～100mg/L 0.002～0.5mg/L

练习题

1. 简述分光光度法、原子吸收分光光度法的原理。结合实例说明在水质监测中是如何运用这些方法的。

2. 测定水样中的汞时，常采用冷原子吸收法，试说明测定原理。

3. 用标准加入法测某水样中的镉，取四份等量水样分别加入不同量镉标准溶液，稀释至50mL，用火焰原子吸收法测定，测得吸光度列于表 1-10，求该水样中镉的含量。

表 1-10　标准加入法测水样中镉的实验数据

编号	水样量/mL	加入 Cd^{2+} 标准溶液/（10μg/mL）	吸光度
1	20	0	0.042
2	20	1	0.082
3	20	2	0.116
4	20	3	0.190

4. 试说明双硫腙分光光度法可测定哪些金属化合物，测定条件有何不同，减少测定误差的方法有哪些。

学习笔记

任务四　水体中化学需氧量的测定

任务目标

1. 掌握回流法测定化学需氧量的原理和操作。
2. 掌握回流的操作过程。
3. 熟练运用滴定分析法进行测定。

【任务引领】

一、原理

化学需氧量（COD）是指在一定条件下，氧化 1L 水样中还原性物质所消耗的氧化剂的量，以氧的 mg/L 表示。化学需氧量反映了水体受还原性物质污染的程度。水中的还原性物质包括有机物、亚硝酸盐、亚铁盐、硫化物等。水被有机物污染是很普遍的，因此化学需氧量也作为有机物相对含量的测定指标之一。

化学需氧量是条件性指标，其随测定时所用氧化剂的种类、浓度、反应温度和时间、溶液的酸度、催化剂等变化而不同。我国规定用重铬酸钾法测定工业废水中的化学需氧量，也可以用与其测定结果一致的库仑滴定法测定。

重铬酸钾法是指在强酸性溶液中，用重铬酸钾氧化水样的还原性物质，过量的重铬酸钾以试亚铁灵作指示剂，用硫酸亚铁铵标准溶液回滴，同样条件作空白，根据标准溶液用量计算水样的化学耗氧量。反应方程式如下：

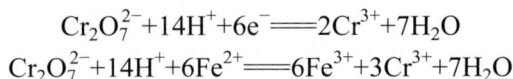

$$Cr_2O_7^{2-}+14H^++6e^-\!=\!\!=\!\!2Cr^{3+}+7H_2O$$
$$Cr_2O_7^{2-}+14H^++6Fe^{2+}\!=\!\!=\!\!6Fe^{3+}+3Cr^{3+}+7H_2O$$

测定时在水样中加硫酸汞和硫酸银催化剂，加热沸腾后回流 2h，用 $K_2Cr_2O_7$ 滴定分析法定量。

$$COD（mg/L）=\frac{c(V_0-V)\times 8}{V_\text{水}}\times 1000$$

式中　c ——硫酸亚铁铵标准溶液的浓度，mol/L；

　　　V_0 ——空白实验所消耗的硫酸亚铁铵标准溶液的体积，mL；

　　　V ——水样测定所消耗的硫酸亚铁铵标准溶液的体积，mL；

　　　$V_\text{水}$——水样的体积，mL；

　　　8 ——$1/4O_2$ 的摩尔质量。

污水的 COD 值大于 50mg/L，可用 0.25mol/L 的 $K_2Cr_2O_7$ 进行测定；污水 COD 为 5～50mg/L 时可用 0.025mol/L 的 $K_2Cr_2O_7$ 进行测定。

应注意 $K_2Cr_2O_7$ 氧化性很强，可将大部分有机物氧化，但吡啶不被氧化，芳香族有机物不易被氧化。挥发性直链脂肪族化合物、苯等有机物存在于蒸气相，不能与氧化剂液体接触，氧化不明显；氯离子能被 $K_2Cr_2O_7$ 氧化，并与硫酸银作用生成沉淀，影响测定结果，在回流前加入适量的硫酸汞去除。若氯离子含量过高应先稀释水样。

二、仪器和试剂

（1）酸式滴定管　25mL 或 50mL。

（2）回流装置　带有 24 号标准磨口的 250mL 锥形瓶的全玻璃回流装置。回流冷凝管的长度为 300～500mm。若取样量在 30mL 上时，可采用 500mL 锥形瓶的全玻璃回流装置。

（3）化学纯试剂　硫酸银、硫酸汞、硫酸（ρ=1.84g/L）。

（4）硫酸银-硫酸溶液　向 1L 硫酸中加入 10g 硫酸银，放置 1～2 天使之溶解，并混匀，使用前小心摇动。

（5）重铬酸钾标准溶液[$c(1/6K_2Cr_2O_7)$=0.250mol/L]　将 12.258g 在 105℃干燥 2h 后的重铬酸钾溶于水中，稀释至 1000mL。

（6）硫酸亚铁铵标准滴定溶液{$c[(NH_4)_2Fe(SO_4)_2 \cdot 6H_2O]$≈0.10mol/L}　溶解 39g 硫酸亚铁铵于水中，加入 20mL 浓硫酸，待溶液冷却后稀释至 1000mL。

硫酸亚铁铵标准滴定溶液的标定：取 10.00mL 重铬酸钾标准溶液置于锥形瓶中，用水稀释至约 100mL，加入 30mL 硫酸混匀冷却后，加 3 滴（约 0.15mL）试亚铁灵指示剂，用硫酸亚铁铵滴定，溶液的颜色由黄色经蓝绿色变为红褐色，即为滴定终点。记录下硫酸亚铁铵的消耗量 V（mL），并按下式计算硫酸亚铁铵标准滴定溶液浓度。

$$c[(NH_4)_2Fe(SO_4)_2 \cdot 6H_2O]=10.00 \times 0.250/V$$

（7）邻苯二甲酸氢钾标准溶液[$c(KC_8H_5O_4)$=2.0824mmol/L]　称取 105℃时干燥 2h 的邻苯二甲酸氢钾 0.4251g 溶于水，并稀释至 1000mL，混匀。以重铬酸钾为氧化剂，将邻苯二甲酸氢钾完全氧化的 COD 值为 1.176（指 1g 邻苯二甲酸氢钾耗氧 1.176g），故该标准溶液的理论 COD 值为 500mg/L。

（8）1,10-邻菲啰啉指示液　溶解 0.7g 七水合硫酸亚铁（$FeSO_4 \cdot 7H_2O$）于 50mL 的水中，加入 1.5g 1,10-邻菲啰啉，搅拌至其溶解，加水稀释至 100mL。

（9）防爆沸玻璃珠。

三、操作步骤

（1）采样　采集不少于 100mL 具有代表性的水样。

（2）样品的保存　水样要采集于玻璃瓶中，并尽快分析，如不能立即分析，则应加入硫酸至 pH<2，置于 4℃下保存。但保存时间不得超过 5d。

（3）回流　清洗所要使用的仪器，安装好回流装置。

将水样充分摇匀，取出 20.0mL 作为水样（或取水样适量加水稀释至 20.0mL），置于 250mL 锥形瓶内，若水样中含有氯，加入适量的固体硫酸汞。准确加入 10.0mL 重铬酸钾标准溶液及数粒防爆沸玻璃珠。连接磨口回流冷凝管，从冷凝管上口慢慢加入 30mL H_2SO_4-Ag_2SO_4 溶液，轻轻摇动锥形瓶使溶液混匀，回流 2h。冷却后用 20～30mL 水自冷凝管上端冲洗冷凝管后取下锥形瓶，再用水稀释至 140mL 左右。

（4）水样测定　溶液冷却至室温后，加入 3 滴 1,10-邻菲啰啉指示液，用硫酸亚铁铵标准滴定液滴定至溶液由黄色经蓝绿色变为红褐色为终点。记下硫酸亚铁铵标准滴定溶液的消耗体积 V。

（5）空白溶液 按相同步骤以 20.0mL 水代替水样进行空白实验，记录下空白滴定时消耗硫酸亚铁铵标准滴定溶液的消耗体积 V_0。

（6）进行校核试验 按测定水样同样的方法分析 20.0mL 邻苯二甲酸氢钾标准溶液的 COD 值，用以检验操作技术及试剂纯度。该溶液的理论 COD 值为 500mg/L，如果校核试验的结果大于该值的 96%，即可认为实验步骤基本上是适宜的，否则，必须寻找失败的原因，重复实验使之达到要求。

四、数据处理

$$COD（mg/L）= \frac{c(V_0 - V) \times 8}{V_样} \times 1000$$

式中　c ——硫酸亚铁铵标准溶液的浓度，mol/L；

　　　V_0 ——空白实验所消耗的硫酸亚铁铵标准溶液的体积，mL；

　　　V ——水样测定所消耗的硫酸亚铁铵标准溶液的体积，mL；

　　　$V_样$ ——水样的体积，mL；

　　　8 ——1/4 O_2 的摩尔质量。

测定结果一般保留三位有效数字。COD 值小的水样，当计算出 COD 值小于 10mg/L 时，应表示为"COD＜10mg/L"。

五、注意事项

1. 该方法对未经稀释的水样 COD 测定上限为 700mg/L，超过此限时必须经稀释后测定。

2. 在特殊情况下，需要测定的水样在 10.0～50.0mL 之间，试剂的体积或质量可做相应的调整。

📖 学习笔记

>>> **实训任务单** <<<

班级：	姓名：	学号：	成绩：

任务名称：**水体中化学需氧量的测定**   日期：

一、任务要求

1. 掌握回流法测定化学耗氧量的原理和操作。
2. 掌握回流的操作过程。
3. 熟练运用滴定分析法进行测定。

二、思考题

1. 加入硫酸银和硫酸汞的目的是什么？
2. 若要改进 COD 的测定方法，可以从哪些角度考虑？
3. 回流时发现溶液颜色变绿，原因是什么？如何处理？

三、基本原理

四、仪器药品

1. 所用仪器

2. 所用药品

五、数据记录表格

六、注意事项

1. 该方法测定未经稀释水样的 COD 上限为 700mg/L，超过此限时必须经稀释后测定。

2. 对于 COD 小于 50mg/L 的水样，应采用低浓度的重铬酸钾标准溶液（用本实验中所用的重铬酸钾标准溶液稀释 10 倍制得）氧化，加热回流以后，采用低浓度的硫酸亚铁铵溶液（用本实验中所用的硫酸亚铁铵溶液稀释 10 倍制得）回滴。对于污染严重的水样，可选取所需体积 1/10 的水样和 1/10 的试剂，放入 10mm×150mm 硬质玻璃中，摇匀后，用酒精灯加热至沸，数分钟后观察溶液是否变成蓝绿色。如呈蓝绿色，应再适当少加试料。重复以上实验，直至溶液不变为蓝绿色为止，从而确定待测水样适当的稀释倍数。

七、预习中出现的问题

【知识链接】　　　　有机化合物的监测

水体中存在大量的有机化合物，因其毒性大、致癌性强和消耗水中溶解氧产生危害作用，所以有机化合物的测定对评价水质是十分重要的。鉴于水体中有机化合物种类繁多，难以对每一个组分逐一定量测定，目前多采用测定与水中有机化合物相当的需氧量来间接表征有机化合物的含量，如 COD、BOD 等或某一类有机化合物如油类、酚类等。有机化合物的污染源主要有农药、医药、染料以及化工企业排放的废水。

一、化学需氧量

除重铬酸钾法外，化学需氧量也可通过库仑滴定法进行测定。库仑滴定法采用 $K_2Cr_2O_7$ 为氧化剂，在 10.2mol/L 硫酸介质中回流 15min 以消解水样，向其中加入硫酸铁溶液，电解产生的 Fe^{2+} 为库仑滴定剂，滴定剩余的 $K_2Cr_2O_7$，同时做空白对照。根据电解产生亚铁离子所消耗的电量，按法拉第电解定律计算 COD。

$$COD（O_2，mg/L）= \frac{Q_S - Q_m}{96500} \times \frac{8000}{V_{水}}$$

式中　Q_S——标定重铬酸钾消耗的电量（空白），C；
　　　Q_m——测定剩余重铬酸钾所消耗的电量，C；
　　　$V_{水}$——水样体积，mL；
　　96500——法拉第常数。

若仪器具有简单数据处理装置，可直接显示 COD 数值。

库仑滴定仪一般由库仑滴定池、电路系统和电磁搅拌器等组成。库仑滴定池由工作电极对、指示电极对及电解液组成，其中工作电极对为双铂片工作阴极和铂丝辅助阳极（置于充3mol/L 硫酸、底部具有液络部的玻璃管内），用于电解产生滴定剂；指示电极对为铂片指示电极（正极）和钨棒参比电极（负极，置于充饱和硫酸钾溶液、底部具有液络部的玻璃管中），以其电位的变化指示库仑滴定终点。电解液为 10.2mol/L 硫酸、重铬酸钾和硫酸铁的混合液。电路系统由终点微分电路、电解电流变换电路、频率变换积分电路、数字显示逻辑运算电路等组成，用于控制库仑滴定终点，变换和显示电解电流，将电解电流进行频率转换、积分，并根据电解定律进行逻辑运算，直接显示水样的 COD 值。

此法简便、快速、试剂用量少，无需标准溶液，可缩短消化时间，氧化率与重铬酸钾法基本一致，适用于地表水和工业废水。当用 3mL 0.05mol/L 的重铬酸钾进行标定值测定时，最低检出浓度为 3mg/L；测定上限为 100mg/L。

二、高锰酸盐指数

高锰酸盐指数是指在一定条件下，以高锰酸钾为氧化剂氧化水样中的还原性物质所消耗的高锰酸钾的量，以氧的 mg/L 来表示。

高锰酸钾因在酸性环境中的氧化能力比在碱性环境中的氧化能力强，故常分为酸性高锰酸钾法和碱性高锰酸钾法，分别适用于不同水样的测定。因高锰酸钾氧化能力较弱，我国标准中仅将酸性重铬酸钾法测得值称为化学需氧量。

取一定量水样，在酸性或碱性条件下，加入一定量的 $KMnO_4$ 溶液，加热一定时间以氧化水样中还原性无机物和部分有机物。加入过量的 $Na_2C_2O_4$ 溶液还原剩余的 $KMnO_4$ 溶液，再用 $KMnO_4$ 标准溶液滴定过量的 $Na_2C_2O_4$ 溶液，计算出水样的高锰酸盐指数。

若水样中的高锰酸盐指数超过 5mg/L 时，应少取水样，稀释后再测定。

国际标准化组织（ISO）建议高锰酸盐指数仅限于测定地表水、饮用水和生活污水。清洁的地表水和被污染的水体中氯离子的含量不超 300mg/L 的水样，采用酸性高锰酸钾法；含氯量高于 300mg/L 时，采用碱性高锰酸钾法。

应注意在水浴中加热完毕后，溶液仍应保持淡红色。如变浅或全部褪去说明高锰酸钾用量不够，将水样稀释倍数加大后再测定；水中的亚硝酸盐、亚铁盐、硫化物等还原性无机物和在此条件可被氧化的有机物，均可消耗高锰酸钾。

三、生化需氧量

生化需氧量就是水中有机物在好氧微生物进行生物化学氧化作用下所消耗的溶解氧的量，以氧的 mg/L 表示。水样中的硫化物、亚铁等还原性无机物也同时被氧化。水体发生生物化学过程必备的条件是有好氧微生物、足够的溶解氧、能被微生物利用的营养物质。

有机物在微生物作用下好氧分解分为两个阶段。第一阶段称为含碳物质氧化阶段，主要是含碳有机物氧化为二氧化碳和水；第二阶段称为消化阶段，主要是含氮有机物在硝化菌的作用下分解为亚硝酸盐和硝酸盐。两个阶段分主次且同时进行，消化阶段大约在 5～7d 甚至 10d 以后才显著进行，故目前国内外广泛采用在 20℃下进行的五天培养法，其测定的消耗氧量称为五日生化需氧量，即 BOD_5。

BOD_5 是反映水体被有机物污染程度的综合指标，也是研究污水的可生化降解性和生化处理效果以及生化处理污水工艺设计和动力学研究中的重要参数。

1. 五日培养法

取两份污染程度较轻的水样，一份测其当时的 DO，另一份在（20±1）℃下培养 5d 再测 DO，两者之差即为 BOD_5。对于大多数污水来说，为保证水体生物化学过程所必需的条件，测定时须按估计的污染程度适当加特制的水稀释，然后取稀释后的水样两份，一份测其当时的 DO，另一份在（20±1）℃下培养 5d 再测 DO，同时测定稀释水在培养前后的 DO，按公式计算 BOD_5 值。

不经稀释直接培养的水样，其 BOD_5 计算如下：
$$BOD_5（mg/L）= c_1 - c_2$$
式中　c_1——水样在培养前溶解氧的质量浓度，mg/L；
　　　c_2——水样经 5d 的培养后，剩余溶解氧的质量浓度，mg/L。

稀释后培养的水样，其 BOD_5 计算如下：
$$BOD_5（mg/L）= \frac{(c_1 - c_2) - (b_1 - b_2)f_1}{f_2}$$
式中　b_1——稀释水（或接种稀释水）在培养前溶解氧的质量浓度，mg/L；
　　　b_2——稀释水（或接种稀释水）在培养后溶解氧的质量浓度，mg/L；
　　　f_1——稀释水（或接种稀释水）在培养液中所占比例；
　　　f_2——水样在培养液中所占比例。

该方法适用于 BOD_5 大于或等于 2mg/L，最大不超过 6000mg/L 的水样；大于 6000mg/L 时，该方法会因稀释带来一定误差。

（1）稀释水　上述特制的、用于稀释水样的水通称为稀释水。它是专门为满足水体生物化学过程的三个条件而配制的。配制时，取一定体积的蒸馏水，加氯化钙、氯化铁、硫酸镁等用于微生物繁殖的营养物，用磷酸盐缓冲液调 pH 至 7.2，充分曝气，使溶解氧近饱和（达 8mg/L 以上）。稀释水的 pH 值应为 7.2，BOD_5 必须小于 0.2mg/L，稀释水可在 20℃左右保存。

（2）接种液　可选择以下任一方法，以获得适用的接种液。

①城市污水：一般采用生活污水，在室温下放置一昼夜，取上清液供用；②表层土壤浸出液：取 100g 花园或动植物生长土壤，加入 1L 水，混合并静置 10min，取上清液供用；③用含城市污水的河水或湖水；④污水处理厂的出水；⑤对于某些含有不易被一般微生物所分解的有机物的工业废水，需要进行微生物的驯化，这种驯化的微生物种群最好从接种污水的水体中取得。为此可从排水口以下 3～8km 处取得水样，经培养接种到稀释水中。也可用人工方法驯化，采用一定量的生活污水，每天加入一定量的待测污水，连续曝气培养，直至培养成含有可分解污水中有机物的种群为止。

（3）接种稀释水　分取适量接种液，加入至稀释水中，混匀。每升稀释水中接种液加入量为：生活污水 1～10mL；表层土壤浸出液 20～30mL；河水、湖水 10～100mL。接种稀释水的 pH 值应为 7.2，BOD_5 值以在 0.3～1.0mg/L 之间为宜。接种稀释水配制后应立即使用。

（4）水样的稀释　水样的稀释倍数主要是根据水样中有机物含量和分析人员的实践经验进行估算的。对于清洁天然水和地表水，其溶解氧接近饱和，无须稀释；对于工业废水，有两种方法可以估算稀释倍数：一是用 COD 值分别乘以系数 0.075、0.15、0.25 获得；二是由高锰酸盐指数确定稀释倍数，见表 1-11。

表 1-11　高锰酸盐指数对应的稀释系数

高锰酸盐指数/（mg/L）	系数	高锰酸盐指数/（mg/L）	系数
<5	—	10～20	0.4、0.6
5～10	0.2、0.3	>20	0.5、0.7、1.0

为了得到正确的 BOD 值，稀释后的混合液在 20℃培养 5d 后的溶解氧残留量在 1mg/L 以上，耗氧量在 2mg/L 以上时，这样的稀释倍数最合适。如果各稀释倍数均能满足上述要求，则取测定结果的平均值为 BOD 值。如果三个稀释倍数培养的水样测定结果均在上述范围以外，则应调整稀释倍数后重做。

为检查稀释水和微生物是否适宜以及化验人员的操作水平是否达到要求，将每升葡萄糖和谷氨酸各 150mg 的标准溶液以 1∶50 的比例稀释后，与水样同步测定 BOD，测得值应在 180～230mg/L 之间，否则，应检查原因，予以纠正。

应注意水样含有铜、铅、锌、铬、镉、砷、氰等有毒物质时，对微生物活性有抑制作用，可使用驯化微生物接种的稀释水，或提高稀释倍数，以减小毒物的影响；如含少量氯，一般放置 1～2h 可自行消失，对游离氯短时间不能消散的水样，可加入亚硫酸钠去除。

2.其他方法

目前测定 BOD 值常采用 BOD 测定仪，其具有操作简单、重现性好并可直接读取 BOD 值的优点。

（1）检压库仑式 BOD 测定仪　密闭系统中氧气量的减少可以用电解的方式补给，从电解所需电量来求得氧的消耗量，仪器可自动显示测定结果。

（2）测压法　测定密闭系统中由于氧量的减少而引起的气压变化直接读取测定结果。

（3）微生物电极法　用薄膜式溶解氧电极求得生化过程中氧的消耗量，用标准 BOD 物质溶液校准后，可直接显 BOD 值。

此外还有活性污泥法、相关估算法、亚甲基蓝脱色法。

四、总有机碳和总需氧量

1. 总有机碳

总有机碳（TOC）是以碳的含量表示水体中有机物质总量的综合指标。近年来，国内外已研制出各种 TOC 分析仪，按工作原理不同可分为燃烧氧化-非色散红外吸收法、电导法、气相色谱法、湿法氧化-非色散红外吸收法等。

燃烧氧化-非色散红外吸收法的测定流程如图 1-22 所示。将一定量水样注入高温炉内的石英管，在 900～950℃高温下，以铂和三氧化钴或三氧化二铬为催化剂，使有机物燃烧裂解转化为二氧化碳，然后用红外线气体分析仪测定二氧化碳含量，即可确定水样中碳的含量。但在高温条件下，水样中无机碳酸盐等也会分解产生二氧化碳，故上面测得的数值为水样中的总碳（TC）。为获得有机碳含量，一般可采用两种方法。一种方法是将水样预先酸化，通入氮气曝气，去除各种碳酸盐分解生成的二氧化碳后再注入仪器测定。另一种方法是使用装有高温炉和低温炉的 TOC 测定仪，将同样的等量水样分别注入高温炉（900℃）和低温炉（150℃）。在高温炉中，水样中的有机碳和无机碳全部转化为二氧化碳，而低温炉的石英管中装有磷酸浸渍的玻璃棉，能使无机碳酸盐在 150℃分解为二氧化碳，有机物却不能被分解氧化。将高、低温炉中生成的二氧化碳依次导入非色散红外气体分析仪，分别测得总碳（TC）和无机碳（IC），二者之差即为总有机碳。

该法适用于地表水和各种污水的测定。

最低检出浓度为 0.5mg/L；测定上限浓度 400mg/L；若变换仪器灵敏度挡次，可继续测定大于 400mg/L 的高浓度样品。

应注意该法可使水样中的有机物完全氧化，故比 BOD_5 或 COD 更能反映水样中有机物的总量；地表水中无机碳含量远高于总有机碳时，会影响总有机碳的测定精度；地表水中常见共存离子如 SO_4^{2-}、Cl^-、NO_3^-、PO_4^{3-}、S^{2-} 无明显干扰，当共存离子浓度较高时，会影响红外吸收，用无二氧化碳水稀释后再进行测定；水样含大量颗粒悬浮物时由于受水样注射器针孔的限制，测定结果往往不包括全部颗粒态有机碳。

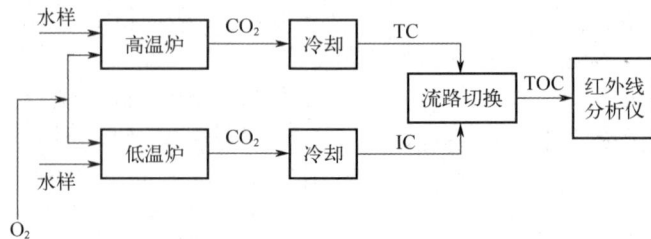

图 1-22　燃烧氧化-非色散红外吸收法的测定流程

2. 总需氧量

总需氧量（TOD）是指水中能被氧化的物质，主要是有机质在燃烧中变成稳定的氧化物时所需要的氧量，结果以氧气的 mg/L 表示。

TOD 常用 TOD 测定仪来测定，将一定量水样注入装有铂催化剂的石英燃烧管中，通入含已知氧浓度的载气（氮气）作为原料气，则水样中的还原性物质在 900℃下被瞬间燃烧氧化，测定燃烧前后原料气中氧浓度减少量，即可求出水样的 TOD 值。该方法适用于地表水和各种污废水。

TOD 是衡量水体受有机物污染程度的一项指标。TOD 值能反映几乎全部有机物质经燃烧后变成 CO_2、H_2O、NO、SO_2 等所需要的氧量，它比 BOD_5、COD 和高锰酸盐指数更接近理论需氧量值。

现有资料表明 BOD_5：TOD=0.1～0.6，COD：TOD=0.5～0.9，但它们之间没有固定相关关系，具体比值取决于污水性质。

研究表明水样中有机物的种类可用 TOD 和 TOC 的比例关系来判断。对于含碳化合物，因为一个碳原子需要消耗两个氧原子，即 O_2：C=2.67，则理论上 TOD=2.67TOC。若某水样的 TOD：TOC 为 2.67 左右，可认为水样中主要是含碳有机物；若 TOD：TOC 大于 4.0，可认为水样中有较大量含硫、磷的有机物；若 TOD：TOC 小于 2.6，可认为水样中有较大量的硝酸盐和亚硝酸盐，它们在高温和催化作用下分解放出氧，使 TOD 测定呈现负误差。

五、挥发酚

水中酚类属高毒物质，人体摄入一定量会出现急性中毒症状。长期饮用被酚污染的水可引起头痛、出疹、瘙痒、贫血及各种神经系统症状。当水中含酚 0.1～0.2mg/L 时，鱼肉有异味；大于 5mg/L 时，鱼类会中毒死亡。常根据酚的沸点、挥发性和能否与水蒸气一起蒸出的差异将酚分为挥发酚和不挥发酚。通常认为沸点在 230℃以下为挥发酚，一般为一元酚；沸点在 230℃以上为不挥发酚。酚的主要污染源有煤气洗涤、炼焦、合成氨、造纸、木材防腐和化工等行业排出的废水。

酚的监测方法有溴量法、4-氨基安替比林分光光度法和色谱法等。

采用蒸馏法对水样预处理，目的是分离出挥发酚及消除颜色、浑浊和金属离子的干扰。当水样中含有氧化剂和还原剂、油类等干扰物质时，应在蒸馏前将其去除。量取 250mL 水样于蒸馏烧瓶中，加 2 滴甲基橙溶液，用磷酸溶液将水样调至橙红色（pH=4），加入 5mL 硫酸铜（采样未加时），加入数粒玻璃珠，用 250mL 量筒收集馏出液，加热蒸馏，等馏出 225mL 以上馏出液时，停止蒸馏，液面静止后加入 25mL 水，继续蒸馏到馏出液为 250mL 为止。

溴量法：取一定量水样，加入溴量剂 $KBrO_3$ 和 KBr，再加入碘化钾溶液，以淀粉为指示剂，用 $Na_2S_2O_3$ 标准溶液滴定生成的碘，同时做空白对照。根据 $Na_2S_2O_3$ 标准溶液消耗的体积计算出以苯酚计的挥发酚含量。反应式如下：

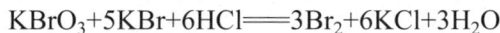

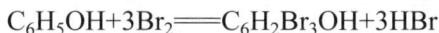

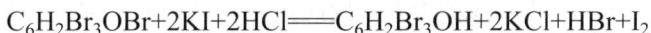

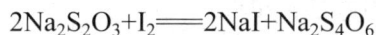

$$KBrO_3+5KBr+6HCl=3Br_2+6KCl+3H_2O$$
$$C_6H_5OH+3Br_2=C_6H_2Br_3OH+3HBr$$
$$C_6H_2Br_3OH+Br_2=C_6H_2Br_3OBr+HBr$$
$$Br_2+2KI=2KBr+I_2$$
$$C_6H_2Br_3OBr+2KI+2HCl=C_6H_2Br_3OH+2KCl+HBr+I_2$$
$$2Na_2S_2O_3+I_2=2NaI+Na_2S_4O_6$$

$$挥发酚（以苯酚计，mg/L）=\frac{c(V_0-V)\times15.68}{V_水}\times1000$$

式中　c　——Na$_2$S$_2$O$_3$ 标准溶液浓度，mol/L；

　　　　V　——滴定水样时消耗 Na$_2$S$_2$O$_3$ 标液的体积，mL；

　　　　V_0　——滴定空白时消耗 Na$_2$S$_2$O$_3$ 标液的体积，mL；

　　　　$V_水$——水样的体积，mL；

15.68 ——苯酚（1/6C$_6$H$_5$OH）的摩尔质量，g/mol。

该方法适用于含酚浓度较高的各种污水，尤其适用于车间排污口或未经处理的总排污口污水。

应注意水样中的干扰成分应在蒸馏前去除。氧化剂如游离氯可通过加入过量硫酸亚铁去除。还原剂如硫化物可用磷酸把水样 pH 值调至 4.0（用甲基橙或 pH 计指示）加入适量硫酸铜溶液生成硫化铜去除；当硫化物含量较高时用磷酸酸化水样，生成硫化氢逸出。油类物质用氢氧化钠颗粒调 pH 值为 12～12.5，用四氯化碳萃取去除。甲醛、亚硫酸盐等有机或无机还原物质，可分取适量水样于分液漏斗中，加硫酸酸化，分别用 50mL、30mL、30mL 乙醚或二氯甲烷萃取酚，合并乙醚层于另一分液漏斗中，分别用 4mL、3mL、3mL 10%NaOH 溶液反萃取，使酚类转入 NaOH 溶液中，合并碱液于烧杯中，置水浴上加热，以除去残余萃取溶剂，然后用水将碱萃取液稀释至原分取水样的体积，同时用水做空白试验。

采样时常加入适量硫酸铜（1g/L）以抑制微生物对酚类的生物氧化作用；蒸馏时若发现甲基橙红色褪去，在蒸馏结束后，再加入 1 滴甲基橙指示剂，若蒸馏后残液不呈酸性，重新取样，增加磷酸用量，再进行蒸馏。

六、矿物油

矿物油飘浮于水体表面，直接影响空气与水体界面之间的氧交换。分散于水体中的油常被微生物氧化分解，而消耗水中的溶解氧，使水质恶化。另外矿物油中还含有毒性大的芳烃类。矿物油的主要污染源有工业废水和生活污水，工业废水的石油类污染物（各种烃的混合物）主要来自原油开采、加工运输等。

矿物油的测定方法有称量法、非分散红外吸收法、紫外分光光度法、高效液相色谱法等。

练习题

1. 解释下列指标代表的意义：COD、BOD、TOD、TOC。

2. COD 测定原理及测定过程是什么？若要改进，应采取哪些措施？

3. BOD$_5$ 测定原理是什么？稀释水和接种稀释水的配制和使用方法是什么？

4. 高锰酸盐指数和化学需氧量有何区别？

5. 测定挥发酚的方法有哪些？简述其原理。

6. 非分散红外吸收法测矿物油的原理是什么？

7. 酚标准溶液标定时，取 10.0mL 待标液加水至 100mL，用 0.1005mol/L 的硫代硫酸钠溶液滴定，消耗 15.35mL 硫代硫酸钠溶液，同时用水代替待标液做另一次滴定，消耗硫代硫酸钠溶液 19.75mL。待标液的浓度是多少？

8. 试计算 1g 葡萄糖、1g 苯二甲酸氢钾理论 COD 值。若需配制 COD 值为 500mg/L 的溶液 1L，分别称葡萄糖、苯二甲酸氢钾多少？

9. 稀释法测 BOD 时，取原水样 100mL，加稀释水至 1000mL，取其中一部分测其 DO 为 7.4mg/L，另一份培养 5d 再测 DO 为 3.8mg/L。已知稀释水空白值为 0.2mg/L，求水样的 BOD。

学习笔记

任务五　水体浊度的测定

任务目标

1. 掌握分光光度法测定浊度的原理和操作。
2. 学会浊度标准溶液的配制。

【任务引领】

一、原理

浊度是指水中悬浮物对光线透过时所发生的阻碍程度。水的浊度大小与水中悬浮物质的含量及其粒径等性质有关。

将一定量的硫酸肼与六亚甲基四胺聚合,生成白色高分子聚合物,以此作为浊度标准溶液,在一定条件下与水样浊度比较。规定 1L 溶液中含 0.1mg 硫酸肼和 1mg 六亚甲基四胺为 1 度。

测定时用硫酸肼和六亚甲基四胺配制浊度标准色列,在 680nm 处测其吸光度,绘制吸光度-浊度标准曲线,再测水样的吸光度,即可从标准曲线上查得水样浊度。如水样经过稀释,要换算成原水样的浊度。

该方法适用于饮用水、天然水和高浊度水,最低检测浊度为 3 度。

应注意水样应无碎屑及易沉颗粒;器皿清洁,水样中无气泡;在 680nm 下测定天然水中存在的淡黄色、淡绿色无干扰。

二、仪器和试剂

(1) 具塞比色管　50mL,规格一致。

(2) 分光光度计

(3) 无浊度水　将蒸馏水通过 0.2μm 滤膜过滤,收集于用过滤水荡洗两次的烧瓶中。

(4) 硫酸肼溶液(0.01g/mL)　称取 1.000g 硫酸肼$[(N_2H_4)H_2SO_4]$溶于水,定容至 100mL。

(5) 六亚甲基四胺溶液(0.1g/mL)　称取 10.00g 六亚甲基四胺溶液于水,定容至 100mL。

(6) 浊度标准储备液　移取 5.00mL 硫酸肼溶液与 5.00mL 六亚甲基四胺溶液于 100mL 容量瓶中,混匀。于(25±3)℃下静置反应 24h。冷至室温后用水稀释至标线,混匀。此溶液浊度为 400 度。可保存一个月。注意:硫酸肼有毒,致癌!

三、操作步骤

(1) 采样　按采样要求采集有代表性的水样。样品应收集到具塞玻璃瓶中,取样后尽快测定。

（2）标准曲线的绘制　吸取浊度标准液 0mL、0.50mL、1.25mL、2.50mL、5.00mL、10.00mL 及 12.50mL，置于 50mL 的比色管中，加水至标线。规定 1L 溶液中含 0.1mg 硫酸肼和 1mg 六亚甲基四胺为 1 度，简称度。摇匀后，即得浊度为 0、0.4 度、10 度、20 度、40 度、80 度 及 100 度的标准系列。用 30mm 比色皿于 680nm 波长处测定吸光度，绘制标准曲线。

（3）测定　吸取 50.0mL 摇匀水样（无气泡，如浊度超过 100 度可酌情少取，用无浊度 水稀释至 50.0mL），于 50mL 比色管中按绘制标准曲线步骤测定吸光度，从标准曲线上查得 水样浊度。

四、数据处理

$$浊度（度）= \frac{A \times (V + V_水)}{V_水}$$

式中　A ——稀释后水样的浊度，度；

V ——稀释水体积，mL；

$V_水$ ——水样体积，mL。

不同浊度范围测试结果的精度要求见表 1-12。

表 1-12　浊度范围与精度

浊度范围/度	精度/度	浊度范围/度	精度/度	浊度范围/度	精度/度
1～10	1	100～400	10	大于 1000	100
10～100	5	400～1000	50		

五、注意事项

1. 所有与水样接触的玻璃器皿必须清洁，用盐酸或表面活性剂清洗。

2. 若需保存，可保存在冷（4℃）暗处，不超过 24h。测定前需激烈振摇并将水样恢复到 室温。

学习笔记

>>> 　实训任务单　<<<

班级：	姓名：	学号：	成绩：

任务名称：**水体浊度的测定**　　　　　　　　　　　　日期：

一、任务要求

1. 掌握分光光度法测定浊度的原理和操作。
2. 学会浊度标准溶液的配制。

二、思考题

1. 浊度的测定在操作上应注意什么？

2. 生物抑制剂有哪些？起何作用？

三、基本原理

四、仪器药品

1. 所用仪器

2. 所用药品

续表

五、数据记录表格

六、注意事项

1. 所有与水样接触的玻璃器皿必须清洁，用盐酸或表面活性剂清洗。

2. 若需保存，可保存在冷（4℃）暗处，不超过 24h。测试前需激烈振摇并将水样恢复到室温。

七、预习中出现的问题

任务六　水体中磷酸盐含量的测定

任务目标

1. 掌握离子色谱法测定磷酸盐的原理和操作。
2. 掌握标准溶液的配制。

【任务引领】

一、原理

试料中以各种形式存在的正磷酸盐随强碱性淋洗液进入阴离子色谱柱，以磷酸根（PO_4^{3-}）的形式被分离出来后，用电导检测器检测。根据保留时间定性分析，采用外标法定量计算。

二、仪器和试剂

（1）离子色谱仪

（2）色谱柱

（3）氢氧化钾（KOH）（优级纯）

（4）磷酸二氢钾（KH_2PO_4）（优级纯）　在（105±5）℃下烘至恒重，于干燥器中保存。

（5）甲醇（CH_3OH）

（6）氢氧化钾溶液[$c(KOH)=100mmol/L$]　称取 5.610g 氢氧化钾溶于适量水中，溶解后移至 1000mL 容量瓶，用水稀释至标线，混匀。该溶液为淋洗液的贮备液，贮存于聚乙烯瓶中。

（7）磷酸二氢钾标准贮备液[$\rho(PO_4^{3-})=1000mg/L$]　称取 1.4329g 磷酸二氢钾溶于适量水中，溶解后移至 1000mL 容量瓶，用水稀释至标线，混匀。该溶液贮存于聚乙烯瓶中，在 4℃下可保存六个月。也可以购买市售有证标准溶液。

（8）磷酸二氢钾标准使用液[$\rho(PO_4^{3-})=10.0mg/L$]　准确量取 1.00mL 磷酸二氢钾标准贮备液于 100mL 容量瓶中，用水稀释至标线，混匀。该溶液在 4℃下可保存三个月。

（9）醋酸纤维微孔滤膜　孔径 0.45μm（可配合注射器使用）。

三、操作步骤

（1）水样的采集与保存　按照 HJ/T 91—2002、HJ 164—2020 和 HJ 493—2009 的相关规定进行样品的采集。样品应经 0.45μm 微孔滤膜过滤，其滤液不加任何保存剂，收集于聚乙烯或玻璃瓶内，在 0～4℃下可保存 48h。

（2）校准

① 标准系列溶液的制备　分别准确量取 0.00mL、0.20mL、1.00mL、2.00mL、5.00mL、

10.00mL 和 20.00mL 磷酸二氢钾标准使用液，用水稀释定容至 100mL，混匀。标准系列中磷酸盐的浓度（以 PO_4^{3-} 计）分别为：0.00mg/L、0.02mg/L、0.10mg/L、0.20mg/L、0.50mg/L、1.0mg/L 和 2.00mg/L。

② 校准曲线的绘制　将上述标准系列溶液分别通过微孔滤膜过滤，从低至高浓度依次进样，进样体积为 50μL，得到不同浓度磷酸盐的色谱图。以磷酸盐的浓度（以 PO_4^{3-} 计，mg/L）为横坐标，峰高或峰面积为纵坐标，绘制校准曲线。

③ 测定　按照与绘制校准曲线相同的色谱条件和步骤，进行样品的测定。

④ 空白试验　用实验用水代替试样，按照样品测定步骤进行空白试验。

四、数据处理

样品中磷酸盐的浓度（以 PO_4^{3-} 计，mg/L）按照下式进行计算。

$$\rho = \frac{h - h_0 - a}{b} \times f$$

式中　ρ ——样品中磷酸盐的浓度，mg/L；

h ——样品中磷酸根的峰高（或峰面积）μV·s；

h_0 ——空白样品中磷酸根的峰高（或峰面积）μV·s；

b ——回归方程的斜率；

a ——回归方程的截距；

f ——稀释倍数。

五、注意事项

1. 注意整个系统不要进气泡，否则会影响分离效果。

2. C_{18} 固相萃取柱使用前须依次用甲醇和去离子水活化。

🖊 学习笔记

>>> **实训任务单** <<<

班级：		姓名：		学号：		成绩：

任务名称：**水体中磷酸盐含量的测定** 日期：

一、任务要求

1. 掌握离子色谱法测定磷酸盐的原理和操作。
2. 掌握标准溶液的配制。

二、思考题

1. 离子色谱法能够测定水体中哪些项目？

2. 离子色谱仪使用什么作载气？

三、基本原理

四、仪器药品

1. 所用仪器

2. 所用药品

五、数据记录表格

六、注意事项

1. 注意整个系统不要进气泡，否则会影响分离效果。
2. C_{18} 固相萃取柱使用前须依次用甲醇和去离子水活化。

七、预习中出现的问题

任务七 水体中汞含量的测定

任务目标

1. 掌握冷原子吸收法测水体中汞含量的原理和操作。
2. 掌握测汞仪的操作使用方法。
3. 学会含汞水样预处理方法。

【任务引领】

一、原理

汞及其化合物属于剧毒物质，特别是有机汞化合物，可由食物链进入人体，引起全身中毒。天然水含汞极少，一般不超过 0.1μg/L。我国生活饮用水标准限值为 0.001mg/L，工业废水中汞的最高允许排放浓度为 0.05mg/L。

地表水汞污染的主要来源是贵金属冶炼、食盐电解制钠、仪表制造、农药、军工、造纸、氯碱工业、电池生产、医院等行业排放的废水。

汞的测定方法有硫氰酸盐法、双硫腙法、EDTA 配位滴定法、称量法、阳极溶出伏安法、气相色谱法、中子活化法、X 射线荧光光谱法、冷原子吸收法、冷原子荧光法、中子活化法等。

汞原子蒸气对波长 253.7nm 紫外光具有选择性吸收作用，在一定浓度范围内，吸光度与汞蒸气浓度成正比。

水样中的汞化物在硫酸-硝酸介质及加热条件下，用高锰酸钾和过硫酸钾消解试样，或用溴酸钾和溴化钾混合试剂，在 20℃ 以上和 0.6～2mol/L 的酸性介质中产生溴，以此消解试样，使试样中所含汞全部转化为二价汞。用盐酸羟胺将过剩的氧化剂还原，再用氯化亚锡将二价汞还原成金属汞。在室温时通入空气或氮气流将金属汞气化，载入冷原子吸收测汞仪，用 $HgCl_2$ 配制系列汞标准溶液，测量试样吸光度，求得试样中汞的含量。

该方法适用于地表水、地下水、饮用水、生活污水及工业废水。最低检出浓度为 0.1～0.5μg/L（汞）；在最佳条件下，当水样体积为 200mL，最低检出浓度可达 0.05μg/L（汞）。

二、仪器和试剂

（1）测汞仪
（2）台式自动平衡记录仪　量程与测汞仪匹配。
（3）汞还原器　总容积分别为 50mL、75mL、100mL、250mL、500mL，具有磨口，带莲蓬形多孔吹气头的玻璃翻泡瓶。
（4）U 形管　ϕ5mm×110mm，内填变色硅胶 60～80mm。

（5）三通阀

（6）汞吸收塔　250mL 玻璃干燥塔，内填经碘化处理的柱状活性炭。

（7）优级纯试剂　浓硫酸（$\rho=1.84g/mL$），浓盐酸（$\rho=1.19g/mL$），浓硝酸（$\rho=1.42g/mL$），重铬酸钾。

（8）无汞蒸馏水　将蒸馏水加盐酸酸化至 pH=3，然后通过巯基棉纤维管除汞，二次重蒸馏水或电渗析去离子水通常可达到此纯度。

（9）硝酸溶液（1+1）

（10）高锰酸钾溶液（50g/L）　将 50g 高锰酸钾（优级纯，必要时重结晶精制）用水溶解，稀释至 1000mL。

（11）过硫酸钾溶液（50g/L）　将 50g 过硫酸钾（$K_2S_2O_8$）用无汞蒸馏水溶解，稀释至 1000mL。

（12）溴化剂　溴酸钾（0.1mol/L）-溴化钾（10g/L）溶液的配制：用水溶解 2.784g（准确到 0.001g）溴酸钾（优级纯），加入 10g 溴化钾，用无汞蒸馏水稀释至 1000mL，置于棕色瓶中保存。若见溴释出，则应重新配制。

（13）盐酸羟胺溶液（200g/L）　将 200g 盐酸羟胺（$NH_2OH \cdot HCl$）用无汞蒸馏水溶解，稀释至 100mL。盐酸羟胺常含有汞，必须提纯。当汞含量较低时，采用巯基棉纤维除汞法；汞含量较高时，先用萃取法除去大量汞，再用巯基棉纤维除尽汞。

（14）氯化亚锡溶液（200g/L）　将 20g 氯化亚锡（$SnCl_2 \cdot 2H_2O$）置于干烧杯中，加入 20mL 浓盐酸，微微加热。待完全溶解后，冷却，再用无汞蒸馏水稀释至 100mL。若有汞可通入氮气鼓泡除汞。

（15）汞标准固定液（简称固定液）　将 0.5g 重铬酸钾溶于 950mL 蒸馏水中，再加 50mL 硝酸。

（16）汞标准储备溶液　准确称取放置在硅胶干燥器中充分干燥过的氯化汞（$HgCl_2$）0.1354g，用固定液溶解后，转移到 1000mL 容量瓶（A 级）中，再用固定液稀释至标线，摇匀。此溶液每 1mL 含 100μg 汞。

（17）汞标准中间溶液　用吸管（A 级）吸取汞标准储备溶液 10.00mL，注入 100mL 容量瓶（A 级），加固定液稀释至标线，摇匀。此溶液 1mL 含 10.0μg 汞。

（18）汞标准使用液　用吸管（A 级）吸取汞标准中间溶液 10.00mL，注入 1000mL 容量瓶（A 级）。用固定液稀释至标线，摇匀（室温阴凉放置，可稳定 100d 左右）。此溶液 1mL 含 0.100μg 汞。

（19）稀释液　将 0.2g 重铬酸钾溶于 972.2mL 无汞蒸馏水中，再加 27.8mL 硫酸。

（20）变色硅胶　$\phi3\sim4mm$，干燥用。

（21）经碘化处理的活性炭　称取 1g 碘、2g 碘化钾和 20mL 蒸馏水，在玻璃烧杯中配成溶液，然后向溶液中加入 10g 的柱状活性炭，用力搅拌至溶液脱色后，从烧杯中取出活性炭，用玻璃纤维把溶液滤出，然后在 100℃ 左右烘干 1~2h 即可。

三、操作步骤

（1）采样　按采样方法采集具有代表性且足够分析用量的水样（采取水样量不应少于 500mL，地表水不少于 1000mL）。水样采用硼硅玻璃瓶或高密度聚乙烯塑料壶盛装，样品应尽量充满容器，以减少器壁吸附。

（2）保存方法　采样后应立即按每升水样中加 10mL 的比例加入浓硫酸（检查 pH 应小于 1，否则应适当增加硫酸），然后加入 0.5g 重铬酸钾（若橙色消失，应适当补加，使水样呈持久的淡橙色）。密塞，摇匀后，置于室内阴凉处，可保存一个月。

（3）水样制备

① 高锰酸钾-过硫酸钾消解法。一般污水或地表水、地下水按以下方法（近沸保温法）处理。将实验室样品充分摇匀后，立即准确吸取 10～50mL 污水（或 100～200mL 清洁地表水或地下水）注入 125mL（或 500mL）锥形瓶中，取样量少者，应补充适量无汞蒸馏水。

依次加 1.5mL 浓硫酸（对清洁地表水或地下水应加 2.5～5.0mL，使硫酸浓度约为 0.5mol/L）、1.5mL 硝酸溶液（对地表水或地下水应加 2.5～5.0mL）、4mL 高锰酸钾溶液（如果不够至少维持 15min 紫色，则混合后再补加适量高锰酸钾溶液，以使颜色能够维持紫色但总量不超过 30mL）。然后再加 4mL 过硫酸钾溶液，插入小漏斗。置于沸水浴中，使样液在近沸状态保温 1h，取下冷却。临近测定时，边摇边加盐酸羟胺溶液，直至过剩的高锰酸钾及器壁上的二氧化锰刚好全部褪色为止。

② 煮沸法。含有机物、悬浮物较多，组成复杂的污水，按以下方法处理。将实验室样品充分摇匀后，立即根据样品中汞的含量，准确吸取 5～50mL 污水，置于 125mL 锥形瓶中。取样量少者，应补加无汞蒸馏水，使总体积约为 50mL。按近沸保温法步骤加入试剂。向样液中加入数粒玻璃珠或沸石，插入小漏斗，擦干瓶底，然后置高温电炉或高温电热板上加热煮沸 10min，取下冷却。以下操作步骤同近沸保温法。

（4）制备空白水样　用无汞蒸馏水代替样品，按水样制备消解方法相同步骤操作，制备两份空白水样，并把采样时加的试剂量考虑在内。

（5）安装仪器　连接好仪器气路，更换 U 形管中硅胶，按说明书安装好测汞仪及记录仪，选择好灵敏度挡及载气流速。将三通阀旋至"校零"端。取出汞还原器吹气头，逐个吸取 10.00mL 样液。将经消解的水样或空白样注入汞还原器中，加入 1mL 氯化亚锡溶液，迅速插入吹气头，然后将三通阀旋至"进样"端，使载气通入汞还原器。此时水样中汞被还原气化成汞蒸气，随载气流载入测汞仪的吸收池，表头指针和记录笔读数迅速上升，记下最高读数或峰高。待指针和记录笔重新回零后，将三通阀旋回"校零"端，取出吹气头，弃去废液，用蒸馏水洗汞还原器两次，再用稀释液洗一次，以氧化可能残留的二价锡，然后进行另一水样的测定。

对汞含量低的样品，为提高精度，应适当增加水样体积（最大体积为 220mL）并按每 10mL 水样中加 1mL 氯化亚锡溶液的比例加入氯化亚锡溶液，然后迅速插入吹气头，先在闭气条件下，用手将汞还原器沿前后或左右方向强烈振摇 1mL，然后才将三通阀旋至"进样"端，其余操作均相同。

（6）标准曲线的制作　取 100mL 容量瓶（A 级）8 个，用刻度 5mL 的吸管（A 级），准确吸取每毫升含汞 0.10μg 的汞标准使用溶液 0、0.50mL、1.00mL、1.50mL、2.00mL、2.50mL、3.00mL、4.00mL 注入容量瓶中，用稀释液稀释至标线，摇匀，然后完全按照测定水样步骤对每一个系列标准溶液进行测定。（注：测定清洁地表水时，应当天吸取汞标准使用溶液，用汞标准固定液配制汞浓度为 10μg/mL 的汞标准使用液，用作制备汞浓度为 0、0.025μg/L、0.050μg/L、0.100μg/L、0.150μg/L、0.200μg/L、0.250μg/L 的标准系列溶液。）

以扣除空白后的标准系列溶液测定值为纵坐标，以相应的汞浓度（μg/L）为横坐标，绘制测定值-浓度标准曲线。

四、数据处理

$$水样中汞的质量浓度（\mu g/L）= c \times \frac{V_0}{V} \times \frac{V_水 + V_1}{V_水}$$

式中　c ——被测样品水样中汞的质量浓度（由标准曲线查得），$\mu g/L$；

　　　V ——制备水样时分取样品体积，mL；

　　　V_0 ——消解制备水样时定容体积，mL；

　　　$V_水$ ——采样的体积，mL；

　　　V_1 ——采样时向水中加入硫酸体积，mL。

若 V_1 忽略不计，则公式可简化。结果应视含量高低，分别以三位或二位有效数字表示。

思考题

1. 水样如何处理？
2. 盐酸羟胺和氯化亚锡溶液的作用是什么？
3. 试比较冷原子吸收法和原子吸收法的异同。

学习笔记

>>> **实训任务单** <<<

班级:	姓名:	学号:	成绩:

任务名称：**水体中汞含量的测定**	日期:

一、任务要求

1. 掌握冷原子吸收法测水体中汞含量的原理和操作。
2. 掌握测汞仪的操作使用方法。
3. 学会含汞水样预处理方法。

二、思考题

1. 水样如何处理？

2. 盐酸羟胺和氯化亚锡溶液的作用是什么？

3. 试比较冷原子吸收法和原子吸收法的异同。

三、基本原理

四、仪器药品

1. 所用仪器

2. 所用药品

续表

五、数据记录表格

六、注意事项

1. 所有与水样接触的玻璃器皿必须清洁，用盐酸或表面活性剂清洗。

2. 测定结果应视含量高低，分别以三位或二位有效数字表示。

七、预习中出现的问题

任务八 水体中铅含量的测定

任务目标

1. 掌握原子吸收分光光度法测定铅含量的原理。
2. 熟悉测量条件的选择。
3. 熟悉原子吸收分光光度计的使用方法。

【任务引领】

一、原理

将水样或消解处理好的样品直接吸入火焰，火焰中形成的原子蒸气对光源发射的特征辐射产生吸收。将测得样品的吸光度和标准溶液的吸光度进行比较，确定样品中被测元素的含量。

二、仪器和试剂

（1）原子吸收分光光度计

（2）铅空心阴极灯

（3）优级纯试剂 硝酸（1+1）；硝酸（1+499，即0.2%）；高氯酸。

（4）助燃气 空气：由空气压缩机供给，进入燃烧器之前要过滤，以除去其中的水、油和其他杂质。

（5）燃气 乙炔，纯度不低于99.6%。

（6）金属标准储备液（1.0000g/mL） 准确称取经（1+499）硝酸清洗并干燥后的0.5000g光谱纯金属，用50mL（1+1）硝酸溶液溶解，必要时加热直至金属溶解完全，然后用水稀释定容至500.0mL。

（7）混合标准溶液（100.0mg/mL） 用（1+499）硝酸溶液稀释金属标准储备液，使配成的混合标准溶液铅含量为100.0mg/L。

（8）实验室常用仪器和设备

三、操作步骤

（1）采样 按采样要求采集具有代表性的水样。样品贮存于聚乙烯塑料瓶中。

（2）样品预处理 取100mL水样放入200mL烧杯中，加入硝酸5mL，在电热板上加热消解，确保样品不沸腾，蒸发水样至10mL左右，加入5mL硝酸和2mL高氯酸，继续消解，直至水样为1mL左右。如果消解不完全，再加入5mL硝酸和2mL高氯酸，再蒸至水样为

1mL 左右，取下冷却，加水溶解残渣，定容至 100mL 容量瓶中。

取（1+499）硝酸 100mL，按上述相同步骤操作，以此为空白样。

（3）开机   选择铅空心阴极灯，按表 1-13 的工作条件将仪器调试到工作状态（调试操作按仪器说明书进行）。

表 1-13   元素的特征谱线

元素	特征谱线/nm	非特征谱线/nm
铅	283.3	283.7（锆）

（4）样品测定   原子吸收分光光度计用（1+499）硝酸调零，然后吸入空白样和样品，测量其吸光度。扣除空白样吸光度后，从校准曲线上查出样品中的金属浓度。如可能，也可从仪器上直接读出样品中的金属浓度。

（5）标准曲线绘制   吸取混合标准溶液 0、0.50mL、1.00mL、3.00mL、5.00mL 和 10.00mL，分别放入 6 个 100mL 容量瓶中，用（1+499）硝酸溶液稀释定容。此混合标准系列溶液的浓度见表 1-14。接着按样品测定的步骤测量吸光度。用经空白校正的各标准溶液的吸光度与相应的浓度作图。绘制校准曲线。

表 1-14   铅标准工作溶液的浓度

混合标准溶液体积/mL	0	0.50	1.00	3.00	5.00	10.00
金属铅标准系列浓度/（mg/L）	0	0.50	1.00	3.00	5.00	10.00

四、注意事项

1. 采样用的聚乙烯瓶、采样瓶应先酸洗，使用前用水洗净。

2. 为了检验是否存在基体干扰或背景吸收，可通过测定标样的回收率判断基体干扰的程度；通过测定特征谱线附近 1nm 内的一条非特征吸收谱线处的吸收判断背景吸收的大小。

3. 在测定过程中，要定期复测空白和工作标准溶液，以检查基线的稳定性和仪器的灵敏度是否发生了变化。根据检验结果，如果存在基体干扰，用标准加入法测定并计算结果。如果存在背景吸收，用自动背景校正装置或邻近非特征吸收法进行校正，后一种方法是从特征谱线处测得的吸收值中扣除邻近非特征吸收谱线处的吸收值，得到被测元素原子的真正吸收。此外，也可以使用螯合萃取法或样品稀释法降低或排除产生基体干扰或背景吸收的组分。

4. 整个消解过程应在通风橱中进行。

思考题

1. 原子吸收分光光度法的定量方法有哪些？
2. 简述原子吸收分光光度计的组成和使用方法。
3. 如何消除基体干扰？
4. 原子吸收分光光度法的测量条件如何选择？

>>> **实训任务单** <<<

班级：	姓名：	学号：	成绩：

任务名称：**水体中铅含量的测定**	日期：

一、任务要求

1. 掌握原子吸收分光光度法测定铅含量的原理。
2. 熟悉测量条件的选择。
3. 熟悉原子吸收分光光度计的使用方法。

二、思考题

1. 原子吸收分光光度法的定量方法有哪些？

2. 简述原子吸收分光光度计的组成和使用方法。

3. 如何消除基体干扰？

4. 原子吸收分光光度法的测量条件如何选择？

三、基本原理

四、仪器药品

1. 所用仪器

2. 所用药品

续表

五、数据记录表格

六、注意事项

1. 采样用的聚乙烯瓶、采样瓶应先酸洗，使用前用水洗净。

2. 为了检验是否存在基体干扰或背景吸收，可通过测定标样的回收率判断基体干扰的程度；通过测定特征谱线附近 1nm 内的一条非特征吸收谱线处的吸收判断背景吸收的大小。

3. 在测定过程中，要定期复测空白和工作标准溶液，以检查基线的稳定性和仪器的灵敏度是否发生了变化。根据检验结果，如果存在基体干扰，用标准加入法测定并计算结果。如果存在背景吸收，用自动背景校正装置或邻近非特征吸收法进行校正，后一种方法是从特征谱线处测得的吸收值中扣除邻近非特征吸收谱线处的吸收值，得到被测元素原子的真正吸收。此外，也可以使用螯合萃取法或样品稀释法降低或排除产生基体干扰或背景吸收的组分。

4. 整个消解过程应在通风橱中进行。

七、预习中出现的问题

项目测试题

一、选择题

1. 具体判断某一区域水环境污染程度时，位于该区域所有污染源上游、能够提供这一区域水环境本底值的断面称为（　　）。

A. 控制断面　　　　　　B. 对照断面　　　　　　C. 削减断面

2. 受污染物影响较大的重要湖泊和水库，应在污染物主要输送路线上设置（　　）。

A. 控制断面　　　　　　B. 对照断面　　　　　　C. 削减断面

3. 在地下水监测项目中，北方盐碱区和沿海受潮汐影响的地区应增测（　　）项目。

A. 电导率、磷酸盐及硅酸盐　　　　　　B. 有机磷、有机氯农药及凯氏氮

C. 电导率、溴化物和碘化物等

4. 废水中一类污染物采样点设置在（　　）。

A. 车间或车间处理设施排放口　　　　　　B. 排污单位的总排口

C. 车间处理设施入口

5. 生物作用会对水样中待测的项目如（　　）的浓度产生影响。

A. 含氮化合物　　　　B. 硫化物　　　　C. 氰化物

6. 臭阈值法检验水中臭，某一水样最低取用 50mL 稀释到 200mL 时，闻到臭气，则其臭阈值为（　　）。

A. 8　　　　　　　　B. 2　　　　　　　　C.16　　　　　　　　D. 4

7. 铅字法与塞式盘法都是测定水透明度的方法，其应用上的区别在于（　　）。

A. 前者在实验室内，后者在现场　　　　　　B. 前者在现场，后者在实验室内

C. 两者既可在实验室内，又可在现场　　　　　　D. 两者均可在现场

8. 便携式浊度计法测定水的浊度时，用（　　）将比色皿冲洗两次，然后将待测水样沿着比色皿的边缘缓慢倒入，以减少气泡产生。

A. 待测水样　　　　B. 蒸馏水　　　　C. 无浊度水　　　　D. 自来水

9. 以下关于地表水监测的说法，不正确的是（　　）。

A. 氟化物是必测的项目　　　　　　B. 硫化物不是必测的项目

C. 总硬度是必测的项目　　　　　　D. 氨氮是必测的项目

10. 测定 COD 的水样时，下列说法正确的是（　　）。

A. 加 H_2SO_4 至 pH＜2　　　　　　B. 加 HCl 至 pH＜2

C. 加 HNO_3 至 pH＜2　　　　　　D. 加 H_3PO_4 至 pH＜2

11. 以下关于抑制水样的细菌生长方法的说法不正确的是（　　）。

A. 可加入氯化汞　　　B. 可以冷冻　　　C. 可加入 $CuSO_4$　　　D. 可加入淀粉

12. 以下说法不正确的是（　　）。

A. 测定 COD 的水样可加入 H_2SO_4 作保存剂

B. 测定总磷的水样可加入 H_2SO_4 作保存剂

C. 测定氰化物的水样可加入 H_2SO_4 作保存剂

D. 测定总氮的水样可加入 H_2SO_4 作保存剂

13. 以下关于储存水样的容器的说法，不正确的是（　　）。

A. 容器的化学稳定性好，可保证水样的各组分在储存期间不发生变化

B. 抗极端温度性能好，抗震性能好，对其大小、形状和容积不要求

C. 能严密封口，且易于开启

D. 容易清洗，并可反复使用

14. 以下关于 DO 测定原理的说法，不正确的是（   ）。

A. 采用碘量法测定水中溶解氧，水体中含有还原性物质时，可产生正干扰

B. 水体中由于藻类的生长，溶解氧可能过饱和

C. 水体受有机、无机还原性的物质污染，使溶解氧逐渐降低以至趋于零

D. 用高锰酸钾修正法测定水中溶解氧适合于含大量 Fe^{2+} 的水样

15. 以下关于 COD 的说法，正确的是（   ）。

A. COD 是指示水体中氧含量的主要污染指标

B. COD 是指示水体中营养物质含量的主要污染指标

C. COD 是指示水体中有机物及还原性无机物含量的主要污染指标

D. COD 是指示水体中有机物及氧化物含量的主要污染指标

16. 以下关于 COD 测定的说法，不正确的是（   ）。

A. 测定水中化学需氧量所采用的方法，在化学上称为氧化还原法

B. 在 $K_2Cr_2O_7$ 法测定 COD 的回流过程中，若溶液颜色变绿，说明水样的 COD 适中，可继续进行实验

C. 水中亚硝酸盐对测定 COD 有干扰，应加氨基磺酸进行消除

D. $K_2Cr_2O_7$ 法测定 COD，滴定时，应严格控制溶液的酸度

17. 欲配制 $c(1/5\ KMnO_4)=0.1mol/L$ 的高锰酸钾溶液 250mL，应称取优级纯高锰酸钾（高锰酸钾相对分子质量为 157.9）（   ）g。

A. 3.9   B. 0.1   C. 0.8   D. 0.9

18. 以下关于化学需氧量和高锰酸盐指数的说法，正确的是（   ）。

A. 二者是采用不同的氧化剂在各自的氧化条件下测定的

B. 一般来说，重铬酸钾法的氧化率可达 50%

C. 一般来说，高锰酸钾法的氧化率为 90%左右

D. 化学需氧量可完全氧化

19. 以下关于用纳氏试剂法测定氨氮的说法，正确的是（   ）。

A. 为消除钙、铁等金属离子的干扰，加入酒石酸钾钠掩蔽

B. 纳氏试剂应贮存于棕色玻璃瓶中

C. 含有硫化钠的水样，不需要进行预蒸馏

D. HgI_2 和 KI 的碱性溶液与氨氮反应，生成红褐色胶态化合物

20. 以下关于石油类监测的说法，正确的是（   ）。

A. 油采样瓶应做一标记，塑料瓶、玻璃瓶都可以进行油类采样

B. 油类物质要单独采样，不允许在实验室内分样

C. 测定油类样品可选用任何材质的容器

D. 按一般通用洗涤方法洗涤后，还要用萃取剂（如石油醚等）彻底荡洗 2～3 次后方可采样

二、判断题

1. 为评价某一完整水系的污染程度，未受人类生活和生产活动影响、能够提供水环境背

景值的断面，称为对照断面。 （　　）

2. 污水的采集位置应在采样断面的中心，水深小于或等于 1m 时，在水深的 1/4 处采样。
（　　）

3. 在地表水水质监测中通常采集瞬时水样。 （　　）

4. 地下水水位监测每年 2 次，丰水期、枯水期各 1 次。 （　　）

5. 测定废水中的氰化物、Pb、Cb、Hg、As 和 Cr（Ⅵ）等项目，采样时应避开水表面。
（　　）

6. 为了检验水样中的臭，实验中需要制取无臭水，一般用自来水通过颗粒活性炭的方法来制取。 （　　）

7. 水温计或颠倒温度计需要定期校核。 （　　）

8. 测定水透明度时，铅字法使用的仪器是透明度计，塞式盘法使用的是透明度盘。
（　　）

9. 测定水的浊度时，气泡和振动将会破坏样品的表面，会干扰测定。 （　　）

10. 钼酸铵分光光度法测定水中总磷含量，在酸性条件下，砷、铬和硫不干扰测定。
（　　）

11. 用快速密闭催化消解法测定水中化学需氧量，当水样中 COD 值约为 200mg/L 时，选择浓度为 0.05mol/L 的重铬酸钾消解液。 （　　）

12. 重铬酸钾法测定水中化学需氧量使用试亚铁灵指示液，由邻菲啰啉和硫酸亚铁铵溶于水配制而成。 （　　）

13. 欲配制 2mol/L 硫酸溶液，取 945mL 水缓慢倒入 55mL 浓硫酸中，并不断搅拌。
（　　）

14. 便携式浊度计法测定水中浊度时，在校准与测量过程中使用两个比色皿，其带来的误差可忽略不计。 （　　）

15. 邻菲啰啉分光光度法测定水中铁含量时，亚铁离子在 pH=3 的溶液中与邻菲啰啉生成稳定的络合物，避光保存可稳定 3 个月。 （　　）

三、简答题

1. 简述地表水监测断面的布设原则。

2. 水样保存的原则与基本方法有哪些？

3. 用碘量法测定溶解氧的原理是什么？

4. 蒸馏后溴化容量法测定含酚废水时，如何检验其中是否含有氧化剂？如果存在，如何消除？

5. 库仑法测定水中 COD 时，水样消解时加入硫酸汞的作用是什么？为什么？

6. 回流法测定水中 COD 时，回流过程中水样颜色变绿是什么原因？如何处理？

7. 氨氮的测定原理（纳氏试剂法）是什么？

8. 简述测定水质 COD 的原理。

9. 测定水中高锰酸盐指数时，水样采集后，为什么用 H_2SO_4 酸化至 pH<2，而不能用 HNO_3 或 HCl 酸化？

10. 化学需氧量作为一个条件性指标，有哪些因素会影响其测定值？

11. 邻菲啰啉分光光度法测定水中铁含量时，样品采集过程及注意事项有哪些？

学习笔记

大气和废气监测

学习目标

知识目标

1. 了解大气污染对人和生物的危害；
2. 了解大气污染物及其存在状态；
3. 了解大气污染源的特征；
4. 掌握大气污染监测方案的制订方法；
5. 掌握大气样品的采集方法和采样仪器的使用方法；
6. 掌握大气污染物的监测方法；
7. 掌握大气污染源的监测方法；
8. 掌握大气降水的监测方法。

能力目标

1. 能够安全准确地进行大气样品现场采样；
2. 能采用适当的方法对大气样品进行处理分析；
3. 能正确处理实验数据并完成环境监测报告；
4. 能熟练使用环境监测岗位所常用仪器；
5. 具有对城镇和工矿企业废气排放的监测、评价的初步能力，具有对废气所造成污染的预防和治理的基本知识与初步能力。

素质目标

1. 具有较强的责任意识和一丝不苟的工作态度；
2. 具有团队意识和相互协作精神；
3. 具有一定的语言表达能力、沟通能力、人际交往能力；
4. 具有事故保护和工作安全意识；
5. 建立实事求是的科学态度；
6. 具有较高的职业素养和职业道德。

情境导入

世界卫生组织和联合国环境组织发表的一份报告说："空气污染已成为全世界城市居民生活中一个无法逃避的现实。"工业文明和城市发展，在为人类创造巨大财富的同时，也把数十亿吨计的废气和废物排入大气之中，人类赖以生存的大气圈成了空中垃圾库和毒气库。因此，大气中的有害气体和污染物达到一定浓度时，就会对人类和环境带来巨大灾难。

引领任务	拓展任务
任务一　大气中二氧化硫含量的测定	任务四　大气中总悬浮颗粒物（$PM_{2.5}$、PM_{10}）的测定
任务二　大气中二氧化氮含量的测定	任务五　大气中甲醛含量的测定
任务三　大气中二氧化碳含量的测定	

【导论】　　　　　　　大气基础知识

一、大气和大气污染

大气是指地球周围所有空气的总和，其厚度为 1000～1400km。世界气象组织按大气温度的垂直分布将大气分为对流层、平流层、中间层、热成层、逸散层，其中，对人类及生物生存起着重要作用的是近地面约 10km 的气体层——对流层，人们常称这层气体为空气层。可见，空气的范围比大气小得多，但空气层的质量却占大气总质量的 95% 左右。在环境污染领域中，"空气"和"大气"常作为同义词使用。

空气是由多种物质组成的混合物。清洁干燥的空气主要组分是（以体积分数计）氮78.06%、氧 20.95%、氩 0.93%。这三种气体的总和占空气总体积的 99.94%，其余还有十余种气体总和不足 0.1%。干燥的空气不包括水蒸气，而实际空气中的水蒸气是重要的组成部分，其浓度随地理位置和气候条件在 0%～0.46% 的范围变化。

清洁的空气是人类和生物赖以生存的环境要素之一。随着人类生产活动和生活水平的提高，特别是现代工业和交通的迅速发展，煤和石油的大量使用，将产生的大量有害物质和烟尘、二氧化硫、氮氧化物、一氧化碳、碳氢化合物等排放到大气中，当其浓度超过环境所能允许的极限并持续一定时间后，就会改变大气特别是空气的正常组成，破坏自然的物理、化学和生态平衡体系，从而危害人们的生活、工作和人体健康，损害自然资源及财产、器物等，这种现象就被称为大气污染或空气污染。

二、大气污染物

引起大气污染的有害物质称为大气污染物。大气污染物的种类不下数千种，已发现有害作用而被人们注意到的有一百多种，依据大气污染物的形成过程，可将其分为一次污染物和二次污染物。

一次污染物是指直接从各种污染源排放到大气中的有害物质。常见的主要有二氧化硫、氮氧化物、一氧化碳、碳氢化合物、颗粒性物质等。颗粒性物质中包含苯并[a]芘等强致癌物质、有毒重金属、多种有机物和无机物等。

二次污染物是指一次污染物在大气中相互作用或它们与大气中的正常组分发生反应所产生的新污染物。常见的二次污染物有硫酸盐、硝酸盐、臭氧、醛类（乙醛和丙烯醛等）、过氧乙酰硝酸酯（PAN）等。二次污染物的毒性一般比一次污染物的毒性大。

由于各种污染物的物理、化学性质不同，形成的过程和气象条件也不同，因此，污染物在大气中存在的状态也不尽相同。一般按其存在状态分为分子状态污染物和粒子状态污染物两类。

1. 分子状态污染物

某些物质如臭氧、氯气、二氧化硫、一氧化碳、氮氧化物、氯化氢等沸点都很低，在常温、常压下以气体分子形式存在。还有些物质如苯、苯酚等，虽然在常温、常压下是液体或固体，但因其挥发性强，故能以蒸气态进入大气中，造成大气污染。

2. 粒子状态污染物

粒子状态污染物（或颗粒物）是指分散在大气中的微小液体和固体颗粒，粒径多在 $0.01 \sim 100 \mu m$ 之间，是一个复杂的非均匀体系。通常根据颗粒物在重力作用下的沉降特性将其分为降尘和可吸入颗粒物。粒径大于 $10 \mu m$ 的颗粒物能较快地沉降到地面上，称为降尘；粒径小于 $10 \mu m$ 的颗粒物易随呼吸作用进入人体肺部，称为可吸入颗粒物。

可吸入颗粒物具有胶体性质，故又称气溶胶，它可长期飘浮在大气中，因此也称飘尘。通常所说的烟（其粒径在 $0.01 \sim 1 \mu m$）、雾（粒径在 $10 \mu m$ 以下）、灰尘就是以飘尘形式存在的。

三、大气污染源

大气污染源可分为自然源和人为源两种。自然源是由于自然现象造成的，如火山爆发时喷射出大量的粉尘、二氧化硫气体等。人为源是由于人类的生产和生活活动造成的，是大气污染的主要来源，按其存在形式划分为固定污染源和流动污染源。

固定污染源是指位置或地点不变的污染源，主要是工业企业、家庭炉灶与取暖设备的烟囱排放的污染物；流动污染源是指位置变动的污染源，主要是由交通工具在行驶时向大气排放污染物而形成的。在交通工具中，汽车的数量最大，排放的污染物最多，并且集中在城市。汽车排放的主要污染物有氮氧化物、一氧化碳、碳氢化合物等。

四、大气污染物的特点

1. 时间性

大气污染物的浓度变化与污染源的排放规律和气象条件如风速、风向、大气湍流、大气稳定度等有关。同一污染源对同一地点在不同时间所造成的地面空气污染的浓度往往不同。例如，我国北方某城市一年内，1、2、11、12 月属采暖期，二氧化硫浓度比其他月份高；在一天之内，$6 \sim 10$ 时和 $18 \sim 21$ 时为供热高峰时间，空气中二氧化硫浓度比其他时间高。

2. 空间性

大气污染的空间分布也与污染源种类、分布情况和气象条件等因素有关。质量轻的分子态和气溶胶态污染物高度分散在大气中，易被扩散和稀释，随时空变化快；质量较重的尘、汞蒸汽等，扩散能力差，影响范围较大。由于大气污染物在空间的分布不均匀，因此在大气污染监测工作中，应根据监测目的和污染物的空间分布特点选择适当的采样点，使结果更具代表性。

五、大气监测项目及监测目的

1. 大气监测项目

大气中的污染物多种多样，应根据优先监测原则，选择那些危害大、涉及范围广、已建立成熟的测定方法，并有标准可比的项目进行监测。我国在《环境空气质量标准》（GB 3095—2012）中规定的监测项目如下。

（1）必测项目　二氧化硫、氮氧化物、总悬浮颗粒物、硫酸盐化速率、灰尘自然沉降量。

（2）选测项目　一氧化碳、可吸入颗粒物、光化学氧化剂、氟化物、铅、汞、苯并[a]芘、总烃及非甲烷烃。

2. 监测目的

① 通过对大气中主要污染物质进行定期或连续的监测，判断大气质量是否符合国家制定的大气质量标准，并为编写大气环境质量状况评价报告提供数据。

② 为研究大气质量的变化规律和发展趋势，开展大气污染的预测预报工作提供依据。

🔖 思考题

1. 什么是大气污染？常见的大气污染物有哪些？
2. 大气污染物是如何分类的？大气污染物具有什么特点？

✏️ 学习笔记

任务一 大气中二氧化硫含量的测定

📋 任务目标

1. 掌握二氧化硫的测定原理和操作。
2. 掌握气体的采集方法。
3. 熟练掌握大气采样器和分光光度计的使用。

【任务引领】

一、原理

大气中二氧化硫含量的测定可采用甲醛吸收-副玫瑰苯胺分光光度法。二氧化硫被甲醛缓冲溶液吸收后，生成稳定的羟甲基磺酸加成化合物。在样品溶液中加入氢氧化钠使加成化合物分解，释放出二氧化硫与副玫瑰苯胺、甲醛作用，生成紫红色化合物，于波长577nm处测定吸光度。

此法适用于空气中二氧化硫的测定，当用10mL吸收液采样30L时，测定下限为0.007mg/m³，当用50mL吸收液连续24h采样300L时，测定下限为0.003mg/m³。

测定时用二氧化硫标准溶液配制标准色列，以蒸馏水为参比测其吸光度，计算标准曲线的回归方程，以同样方法测定显色后的样品溶液，经空白试剂校正后，计算样气中SO_2的含量。

用此法测定二氧化硫，避免了使用毒性大的四氯汞钾吸收液，其灵敏度、准确度相同，且样品采集后相当稳定，但操作条件要求严格。

二、仪器和试剂

（1）分光光度计 可见光波长380~780nm。

（2）多孔玻板吸收管 10mL，用于短时间采样。

（3）恒温水浴器 广口冷藏瓶内放置圆形比色管架，插一支长约150mm、0~40℃的酒精温度计，其误差应不大于0.5℃。

（4）具塞比色管 10mL。

（5）空气采样器 用于短时间采样的普通空气采样器，流量范围0~1mL/min。

（6）氢氧化钠溶液（1.5mol/L）

（7）环己二胺四乙酸二钠溶液[c(CDTA-2Na)＝0.05mol/L] 称取1.82g反式1,2-环己二胺四乙酸（简称CDTA），加入氢氧化钠溶液6.5mL，用水稀释至100mL。

（8）甲醛缓冲吸收储备液 吸取36%~38%的甲醛溶液5.5mL、CDTA-2Na溶液

20.00mL，称取 2.04g 邻苯二甲酸氢钾，溶于少量水中；将三种溶液合并，再用水稀释至100mL，储于冰箱可保存一年。

（9）甲醛缓冲吸收液　用水将甲醛缓冲吸收储备液稀释 100 倍。临用现配。

（10）氨磺酸钠溶液（6g/L）　称取 0.60g 氨基磺酸（H_2NSO_3H）置于 100mL 容量瓶中，加入 4.0mL 氢氧化钠溶液，用水稀释至标线，摇匀。此溶液密封保存可用 10d。

（11）碘储备液[$c(1/2I_2)$＝0.1mol/L]　称取 12.7g 碘（I_2）于烧杯中，加入 40g 碘化钾和25mL 水，搅拌至完全溶解，用水稀释至 1000mL，储存于棕色细口瓶中。

（12）碘溶液[$c(1/2I_2)$＝0.05mol/L]　量取碘储备液 250mL，用水稀释至 500mL，储于棕色细口瓶中。

（13）淀粉溶液（5g/L）　称取 0.5g 可溶性淀粉，用少量的水调成糊状，慢慢倒入 100mL沸水中，继续煮沸至溶液澄清，冷却后储于试剂瓶中。临用现配。

（14）碘酸钾标准溶液[$c(1/6KIO_3)$＝0.1000mol/L]　称取 3.5667g 碘酸钾（KIO_3 优级纯，经 110℃ 干燥 2h）溶于水，移入 1000mL 容量瓶中，用水稀释至标线，摇匀。

（15）盐酸溶液（1+9）

（16）硫代硫酸钠储备液[$c(Na_2S_2O_3)$＝0.10mol/L]　称取 25.0g 硫代硫酸钠（$Na_2S_2O_3 \cdot 5H_2O$）溶于 1000mL 新煮沸但已冷却的水中，加入 0.2g 无水碳酸钠，储存于棕色细口瓶中，放置一周后使用，若溶液呈混浊，必须过滤。

（17）硫代硫酸钠标准溶液[$c(Na_2S_2O_3)$＝0.05mol/L]　取 250mL 硫代硫酸钠储备液置于500mL 容量瓶中，用新煮沸但已冷却的水稀释至标线，摇匀。

标定方法：吸取三份 10.00mL 碘酸钾标准溶液分别置于 250mL 碘量瓶中，加 70mL 新煮沸但已冷却的水，加 1g 碘化钾，振摇至完全溶解后，加 10mL 盐酸溶液，立即盖好瓶塞，摇匀。于暗处放置 5min 后，用硫代硫酸钠标准溶液滴定至浅黄色，加 2mL 淀粉溶液，继续滴定溶液至蓝色刚好褪去为终点。硫代硫酸钠标准溶液的浓度按下式计算。

$$c = \frac{0.1000 \times 10.00}{V}$$

式中　　c ——硫代硫酸钠标准溶液的浓度，mol/L；
　　　　V ——滴定所消耗硫代硫酸钠标准溶液的体积，mL。

（18）EDTA 溶液（5g/L）　称取 0.25g EDTA 溶于 500mL 新煮沸但已冷却的水中。临用现配。

（19）二氧化硫标准溶液　称取 0.200g 亚硫酸钠（Na_2SO_3）溶于 200mL EDTA-2Na 溶液中，缓缓摇匀以防充氧，并使其溶解。放置 2～3h 后标定。此溶液二氧化硫含量为 0.32～0.40mg/L。

标定方法：吸取三份 20.00mL 二氧化硫标准溶液，分别置于 250mL 碘量瓶中，加入 50mL新煮沸但已冷却的水，20.00mL 碘溶液及 1mL 冰醋酸，盖塞，摇匀。于暗处放置 5min 后，用硫代硫酸钠标准溶液滴定溶液至浅黄色，加入 2mL 淀粉溶液，继续滴定至溶液蓝色刚好褪去为终点。记录滴定硫代硫酸钠标准溶液消耗的体积 V。

另取三份 EDTA-2Na 溶液 20mL，用相同方法进行空白试验。记录滴定硫代硫酸钠标准溶液消耗的体积 V。

平行样滴定所耗硫代硫酸钠标准溶液体积之差应不大于 0.04mL。取其平均值。二氧化硫标准溶液浓度按下式计算：

$$\rho = \frac{(V_0 - V) \times c(\mathrm{Na_2S_2O_3}) \times 32.02}{20.00} \times 1000$$

式中　　 ρ ——二氧化硫标准溶液的浓度，$\mu g/mL$；

　　　　　V_0 ——空白滴定所消耗硫代硫酸钠溶液的体积，mL；

　　　　　V ——二氧化硫标准溶液滴定所耗硫代硫酸钠标准溶液的体积，mL；

　$c(\mathrm{Na_2S_2O_3})$ ——硫代硫酸钠标准溶液的浓度，mol/L；

　　　　32.02 ——二氧化硫（$1/2\ SO_2$）的摩尔质量。

标定出准确浓度后，立即用吸收液稀释为二氧化硫含量为 10.00g/L 的标准溶液贮备液，临用时再用吸收液稀释为二氧化硫含量为 1.00g/L 的标准溶液。在冰箱中（5℃）保存。10.00g/L 的二氧化硫标准溶液贮备液可稳定存放 6 个月；1.00g/L 的二氧化硫标准溶液可稳定存放 1 个月。

（20）副玫瑰苯胺（简称 PRA，即副品红，对品红）储备液（2g/L）　其纯度应达到质量检验的指标。

（21）PRA 溶液（5g/L）　吸取 25.00mL PRA 储备液于 100mL 容量瓶中，加 30mL 85% 的浓磷酸，12mL 浓盐酸，用水稀释至标线，摇匀，放置过夜后使用。避光密封保存。

三、操作步骤

（1）采样　根据空气中二氧化硫浓度的高低，采用内装 10mL 吸收液的 U 形多孔玻板吸收管，以 0.5L/min 的流速采样。采样时吸收液温度的最佳范围在 23～29℃。样品运输和储存过程中应注意避光保存。

（2）标准曲线的绘制　取 14 支 10mL 具塞比色管，分 A、B 两组，每组 7 支，分别对应编号。A 组按表 2-1 配制标准溶液系列。

表 2-1　标准溶液系列的配制

项目	管号						
	1	2	3	4	5	6	7
二氧化硫标准溶液/mL	0.00	0.50	1.00	2.00	5.00	8.00	10.00
甲醛缓冲吸收液/mL	10.00	9.50	9.00	8.00	5.00	2.00	0.00
二氧化硫含量/μg	0.00	0.50	1.00	2.00	5.00	8.00	10.00

B 组各管加入 1.00mL PRA 溶液，A 组各管分别加入 0.5mL 氨基磺酸钠溶液和 0.5mL 氢氧化钠溶液，混匀。再逐管迅速将溶液全部倒入对应编号并盛有 PRA 溶液的 B 管中，立即混匀后放入恒温水浴中显色。显色温度与室温之差应不超过 3℃，根据不同季节和环境条件按表 2-2 选择显色温度和时间。

表 2-2　显色温度与显色时间

项目	显色温度/℃				
	10	15	20	25	30
显色时间/min	40	25	20	15	5
稳定时间/min	35	25	20	15	10
空白试剂吸光度 A	0.03	0.035	0.04	0.05	0.06

在波长 577nm 处，用 1cm 的比色皿，以水为参比溶液测量吸光度，并用最小二乘法计算标准曲线的回归方程。

（3）样品测定 样品放置 20min，以使臭氧分解，然后将吸收管中全部样品溶液移入 10mL 比色管中，用吸收液稀释至标线，加 0.5mL 氨基磺酸钠溶液，混匀，放置 10min 以除去氮氧化物的干扰，以下步骤同标准曲线的绘制。如样品吸光度超过标准曲线上限，则可以用空白试剂溶液稀释，在数分钟内再测量其吸光度，但稀释倍数不要大于 6 倍。

四、数据处理

按下式计算样气中 SO_2 的含量：

$$c\ (SO_2,\ mg/m^3) = \frac{(A - A_0) \times B_S}{V_S} \times \frac{V_t}{V_a}$$

式中　A ——样品溶液吸光度；

　　　A_0 ——空白试剂溶液的吸光度；

　　　B_S ——校正因子，μg；

　　　V_t ——样品溶液总体积，mL；

　　　V_a ——测定时所取样品溶液体积，mL；

　　　V_S ——换算成标准状态下（0℃，101.325kPa）的采样体积，L。

应注意掌握显色温度和显色时间，严格控制反应条件是实验的关键；配制二氧化硫溶液时加入 EDTA 液可使亚硫酸根稳定；显色剂的加入方式要正确，否则精密度差。

五、注意事项

1. 应注意掌握显色温度和显色时间，严格控制反应条件是实验的关键。
2. 配制二氧化硫溶液时加入 EDTA 溶液可使亚硫酸根稳定。
3. 显色剂的加入方式要正确，否则精密度差。

📝 学习笔记

实训任务单

班级：	姓名：	学号：	成绩：

任务名称：大气中二氧化硫含量的测定 　　　　日期：

一、任务要求

1. 掌握二氧化硫的测定原理和操作。
2. 掌握气体的采集方法。
3. 熟练掌握大气采样器和分光光度计的使用。

二、思考题

1. 配制标准色列溶液时应注意什么？实验成败的关键是什么？

2. 二氧化硫标准溶液的浓度如果偏高，是否会使实验产生偏差？

三、基本原理

四、仪器药品

1. 所用仪器

2. 所用药品

五、数据记录表格

六、注意事项

1. 应注意掌握显色温度和显色时间，严格控制反应条件是实验的关键。

2. 配制二氧化硫溶液时加入 EDTA 溶液可使亚硫酸根稳定。

3. 显色剂的加入方式要正确，否则精密度差。

七、预习中出现的问题

【知识链接】　　　　　　**大气样品的采集**

在对大气污染进行监测时，不可能对全部大气进行监测，所以只能选择性地采集部分大气及气样。要使气样具有代表性，能准确地反映大气污染的状况，必须控制好以下几个步骤：根据监测目的调查研究，收集必要的基础资料，然后经过综合分析，确定监测项目，布设采样网点，选择采样方法、时间、频率，建立质量保证程序和措施，提出监测报告要求及进度计划等。

一、收集资料、调查研究

1. 污染源分布及排放情况

调查监测区域内的污染源类型、数量、位置、排放的主要污染物及排放量，同时还应了解所用原料、燃料及其消耗量。要注意将高烟囱排放的较大污染源与低烟囱排放的小污染源区别开来，也应区别一次污染物和由于光化学反应产生的二次污染物。

2. 气象资料

污染物在大气中的扩散、输送和一系列的物理、化学变化在很大程度上取决于当时的气象条件。因此，要收集监测区域的风向、风速、气温、气压、降水量、日照时间、相对湿度、温度梯度、逆温层底部高度等资料。

3. 地形、土地利用和功能区划分

地形对当地的风向、风速和大气稳定情况等有影响，监测区域的地形越复杂，要求布设的监测点越多。监测区域内土地利用情况及功能区划分也是设置监测点应考虑的重要因素。不同功能区的污染状况是不同的，如工业区、商业区、混合区、居民区等。

4. 人口分布及健康情况

环境保护的目的是维护自然环境的生态平衡，保护人类的健康，因此，掌握监测区域的人口分布、居民和动植物受大气污染危害情况及流行性疾病等资料，对制定监测方案、分析判断监测结果是有益的。

此外，对于监测区域以往的大气监测资料等也应尽量收集，供制定监测方案时参考。

二、采样点的布设

1. 采样点布设原则

① 采样点应设在整个监测区域的高、中、低三种不同污染物浓度的地方。

② 采样点应选择在有代表性的区域内，按工业和人口密集的程度以及城市、郊区和农村的状况，可酌情增加或减少采样点。

③ 采样点要选择在开阔地带，应在风向的上风口，采样口水平线与周围建筑物高度的夹角应不大于 30°，交通密集区的采样点应设在距人行道边缘至少 1.5m 远处。

④ 各采样点的设置条件要尽可能一致或标准化，使获得的监测数据具有可比性。

⑤ 采样高度应根据监测目的而定。研究大气污染对人体的危害，采样口应在离地面 1.5~2m 处；研究大气污染对植物或器物的影响，采样口高度应与植物或器物的高度相近。在例行监测中，SO_2、NO_x、TSP 及硫酸盐化速率的采样高度为 3~15m，以 5~10m 为宜；降尘的采样高度为 5~15m，以 8~12m 为宜。TSP、降尘、硫酸盐化速率的采样口应与基础

面有 1.5m 以上相对高度，以减少扬尘的影响。

2. 采样点布设方法和数目

（1）功能区布点法　功能区布点法多用于区域性常规监测。布点时先将监测地区按环境空气质量标准划分成若干"功能区"——工业区、商业区、居民区、交通密集区、清洁区等，再按具体污染情况和人力、物力条件在各区域内设置一定数目的采样点。各功能区的采样点数不要求平均，一般在污染较集中的工业区和人口较密集的居民区多设采样点。

（2）网格布点法　对于多个污染源，且在污染源分布较均匀的情况下，通常采用此布点法。此法是将监测区域地面划分成若干均匀网状方格，采样点设在两条直线的交点处或方格中心，如图 2-1 所示。网格大小视污染强度、人口分布及人力、物力条件等确定。若主导风向明显，下风向设点要多一些，一般约占采样点总数的 60%。

（3）同心圆布点法　同心圆布点法主要用于多个污染源构成的污染群，且重大污染源较集中的地区。先找出污染源的中心，以此为圆心在地面上画若干个同心圆，再从圆心作若干条放射线，将放射线与圆周的交点作为采样点，见图 2-2。圆周上的采样点数目不一定相等或均匀分布，常年主导风向的下风向应多设采样点。例如，同心圆半径分别取 5km、10km、15km、20km，从里向外各圆周上分别设 4、8、8、4 个采样点。

（4）扇形布点法　扇形布点法适用于孤立的高架点源，且主导风向明显的地区。以点源为顶点，成 45°扇形展开，夹角可大些，但不能超过 90°，采样点设在扇形平面内据点源不同距离的若干弧线上。每条弧线上设 3～4 个采样点，相邻两点与顶点的夹角一般取 10°～20°，如图 2-3 所示。在上风向应设对照点。

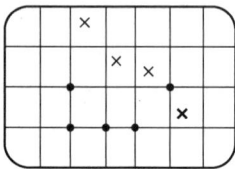

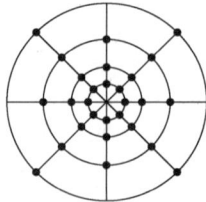

图 2-1　网格布点　　　　　图 2-2　同心圆布点　　　　　图 2-3　扇形布点

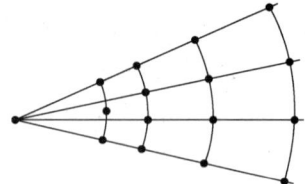

（5）平行布点法　平行布点法适用于线性污染源。线性污染源如公路等，在距公路两侧 1m 左右布设监测网点，然后在距公路 100m 左右的距离布设与前面监测点对应的监测点，目的是了解污染物经过扩散后对环境产生的影响。在前后两点对比采样的时候注意污染物组分的变化。

在采用同心圆布点法和扇形布点法时，应考虑高架点源排放污染物的扩散特点。在不计污染物本底浓度时，点源脚下的污染物浓度为零，随着距离增加，很快出现浓度最大值，然后按指数规律下降。因此，同心圆或弧线不宜等距离划分，而是靠近最大浓度值的地方密一些，以免漏测最大浓度的位置。

以上几种采样布点方法，可以单独使用，也可综合使用，目的就是要有代表性地反映污染物浓度，为大气环境监测提供可靠的样品。

在一个监测区域内，采样点数目是与经济投资和精度要求相应的一个效益函数，应根据监测范围大小，污染物的空间分布特征，人口分布密度及气象、地形、经济条件等因素综合考虑确定。表 2-3 列出中国对大气环境污染例行监测采样点规定的设置数目。

表 2-3　中国大气环境污染例行监测采样点设置数目

市区人口/万人	SO₂、NOₓ、TSP	灰尘自然沉降量	硫酸盐化速率
<50	3	≥3	≥6
50～100	4	4～8	6～12
100～200	5	8～11	12～18
200～400	6	12～20	18～30
>400	7	20～30	30～40

3. 采样时间和采样频率

采样时间指每次从开始到结束所经历的时间，也称采样时段。采样频率指一定时间范围内的采样次数。采样时间和频率要根据监测目的、污染物分布特征及人力物力等因素决定。

短时间采样，试样缺乏代表性，监测结果不能反映污染物浓度随时间的变化，仅适用于事故性污染、初步调查等的应急监测。增加采样频率，也就相应地增加了采样时间，积累足够多的数据，样品就具有较好的代表性。

最佳采样和测定方式是使用自动采样仪器进行连续自动采样，再配以污染组分连续或间歇自动监测仪器，其监测结果能很好地反映污染物浓度的变化，能取得任意一段时间（一天，一月或一季）的代表值（平均值）。《环境空气质量标准》对大气污染例行监测规定的采样时间和频率见表 2-4。

表 2-4　采样时间和采样频率

监测项目	采样时间和频率
二氧化硫	隔日采样，每天连续采（24±0.5）h，每月 14～16 天，每年 2 个月
氮氧化物	同二氧化硫
总悬浮颗粒物	隔双日采样，每天连续采（24±0.5）h，每月 5～6 天，每年 12 个月
灰尘自然沉降量	每月采样（30±2）天，每年 12 个月
硫酸盐化速率	每月采样（30±2）天，每年 12 个月

三、采样方法和采样仪器

根据大气污染物的存在状态、浓度物理化学性质以及监测方法的不同，要求选用不同的采样方法和采样仪器。

1. 采样方法

大气采样方法可分为两类：直接采样法和富集（或浓缩）采样法。

（1）直接采样法　当大气污染物浓度较高，或测定方法较灵敏，用少量气样就可以满足监测分析要求时，用直接采样法。如用氢火焰离子化检测器测定空气中的苯系物。常用的采样仪器有注射器、塑料袋、采样管等。

① 注射器采样。常用 100mL 注射器采集空气中的试样。采样时，先用现场气体抽洗 2～3 次，然后抽取 100mL 试样，密封进气口，送实验室分析。样品存放时间不宜过长，一般应当天分析完。此法多用于有机蒸气的采集。

②　塑料袋采样。选择与气样中污染组分既不发生化学反应或吸附，也不渗漏的塑料袋。常用聚四氟乙烯袋、聚乙烯袋、聚酯袋等。为减少对被测组分的吸附，可在袋的内壁衬银、铝等金属膜。采样时，先用二联球打进现场气体冲洗 2~3 次，再充满样气，夹封进气口，送实验室尽快分析。

③　采气管采样。采气管是两端带有活塞的玻璃管，其容积为 100~500mL，如图 2-4 所示。采样时，采气管的一端接抽气泵，打开两端活塞，抽进比采气管容积大 6~10 倍的待采气体，使采气管中原有气体完全被置换出，关上两端活塞，带回实验室分析。

④　真空瓶采样。真空瓶是一种用耐压玻璃制成的容器，容积为 500~1000mL。采样前先用真空泵将瓶内抽成真空（瓶外套有安全保护套），并测出瓶内剩余压力（一般为 1.33kPa），如图 2-5 所示。采样时打开瓶口上的旋塞，被采气样即入瓶内，关闭旋塞，带回实验室分析。

采样体积按下式计算：

$$V = \frac{V_0(p - p')}{p}$$

式中　　V　——采样体积，L；

V_0　——真空采气瓶容积，L；

p　——大气压力，kPa；

p'　——瓶中剩余压力，kPa。

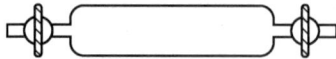

图 2-4　采气管

图 2-5　真空瓶

（2）富集采样法（浓缩采样法）　当大气中被测物质浓度很低，或所用分析方法灵敏度不高时，须用富集采样法对大气中的污染物进行浓缩。富集采样的时间一般都比较长，测得结果是在采样时段内的平均浓度。富集采样法有溶液吸收法、低温冷凝法、固体阻留法、自然积集法等。

①　溶液吸收法。溶液吸收法是采集大气中气态、蒸气态及某些气溶胶态污染物质的常用方法。采样时，用抽气装置将待测空气以一定流量抽入装有吸收液的吸收管（或吸收瓶）。采样后，测定吸收液中待测物质的量，根据采样体积计算大气中污染物的浓度。

溶液吸收法的吸收效率主要取决于吸收速率和样气与吸收液的接触面积。要提高吸收速率，必须根据被吸收污染物的性质选择效能好的吸收液。吸收液的选择原则是：吸收液与被测物质的化学反应快或对其溶解度大；吸收后有足够的稳定时间；所选吸收液要有利于下一步分析；吸收液毒性小，成本低且尽可能回收利用。选择结构适宜的吸收管（瓶）是增大被采气体与吸收液接触面积的有效措施。下面介绍几种常用的吸收管（瓶），如图 2-6 所示。

a. 气泡式吸收管。主要用于吸收气态或蒸气态物质，管内可装 5~10mL 吸收液。

b. 冲击式吸收管。主要用于采集气溶胶样品或易溶解的气体样品。这种吸收管有小型（装

5～10mL 吸收液，采样流量为 3.0L/min）和大型（装 50～100mL 吸收液，采样流量为 30.0L/min）。该管的进气管喷嘴孔径小，距瓶底又近，采样时，气样迅速从喷嘴喷出冲向管底，气溶胶颗粒因惯性作用冲击到管底被分散，从而易被吸收液吸收。冲击式吸收管不适于采集气态或蒸气态物质。

c. 多孔筛板吸收管（瓶）。可用于采集气态、蒸气态及雾态气溶胶物质。该吸收管可装 5～10mL 吸收液，采样流量为 0.1～1.0L/min，吸收瓶有小型（装 10～30mL 吸收液，采样流量为 0.5～2.0L/min）和大型（装 50～100mL 吸收液，采样流量为 30.0L/min）。管（瓶）出气口处熔接一块多孔性的砂芯玻板，气体通过时，被分散成很小的气泡，且阻留时间长，大大增加了气液接触面积，提高了吸收效率。

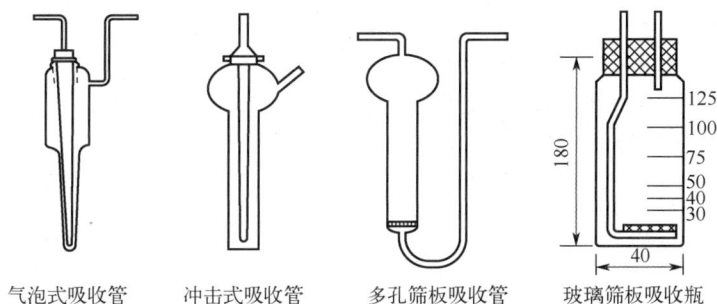

气泡式吸收管　　冲击式吸收管　　多孔筛板吸收管　　玻璃筛板吸收瓶

图 2-6　气体吸收管（瓶）

② 低温冷凝法。低温冷凝法可提高低沸点气态污染物的采集效率。此法是将 U 形或蛇形采样管插入冷肼中，分别连接采样入口和泵，当大气流经采样管时，被测组分因冷凝而凝结在采样管底部。收集后，可送实验室移去冷阱进行分析测试，如测定烯烃类、醛类等。

制冷方法有制冷剂法和半导体制冷器法。常用的制冷剂有冰-食盐（-4℃）、干冰-乙醇（-72℃）、干冰（-78.5℃）、液氧（-183℃）等。

采样过程中，为了防止气样中的微量水、二氧化碳在冷凝时同时被冷凝下来，产生分析误差，可在采样管的进气端装过滤器（内装氯化钙、碱石灰、高氯酸镁等）除去水分和二氧化碳。

③ 固体阻留法

a. 填充柱阻留法。该法用一根内径 3～5mm、长 6～10cm 的玻璃管或塑料管采样，内装颗粒状填充剂。采样时，气体以一定流速通过填充柱，被测组分因吸附、溶解或化学反应等作用而被阻留在填充剂上。采样后，通过解吸或溶剂洗脱使被测物从填充剂上分离释放出来，然后进行分析测试。根据填充剂作用原理的不同可将填充柱分为吸附型、分配型、反应型三种。

吸附型填充柱中的填充剂是固体颗粒状吸附剂，如硅胶、活性炭、分子筛、高分子多孔微球等。一般吸附能力越强，采样效率就越高，但解吸就越困难，所以在选择吸附剂时要同时考虑吸附效率和解吸能力。分配型填充柱内的填充剂是表面涂有高沸点的有机溶剂（如异十三烷）的惰性多孔颗粒物。采样时，气样通过填充柱，有机溶剂（固定相）中分配系数大的组分保留在填充剂上而被富集。反应型的填充剂由在一些惰性担体（如石英砂、滤纸、玻璃棉等）表面涂一层能与被测物质起反应的试剂制成，也可用能与被测组分发生化学反应的纯金属（如 Cu、Au、Ag 等）微粒或丝毛作填充剂。

b. 滤料阻留法。将滤料（滤纸或滤膜）夹在采样夹上，用抽气泵抽气，则空气中的颗粒物被阻留在滤料上，称量滤料上富集的颗粒物质量，根据采样体积，即可计算出空气中颗粒物浓度，如图 2-7 所示。

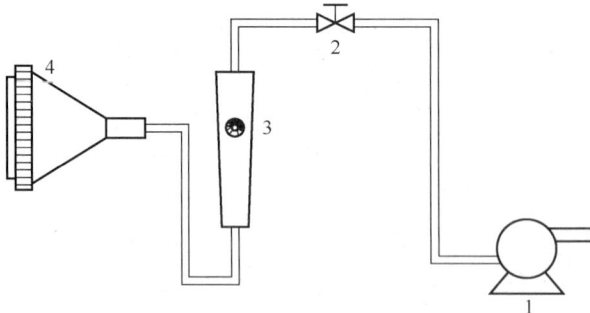

图 2-7　滤膜采样装置
1—泵；2—流量调节阀；3—流量计；4—采样夹

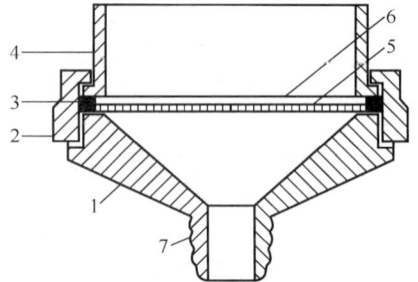

图 2-8　滤膜采样装置结构示意
1—底座；2—紧固圈；3—密封圈；4—接座圈；
5—支撑网；6—滤膜；7—抽气接口

滤料采集大气中颗粒物的机理有：直接阻截、惯性碰撞、扩散沉降、静电引力和重力沉降等。滤料的采集效率除与自身性质有关外，还与采样速率、颗粒物的大小等因素有关。高速采样以惯性碰撞作用为主，对较大颗粒物的采集效率高；低速采样以扩散沉降为主，对细小颗粒物的采集效率高。

常用的滤膜采样装置结构示意如图 2-8 所示。

常用的滤料有筛孔状滤料，如微孔滤膜、核孔滤膜、银薄膜等；纤维状滤料，如滤纸、玻璃纤维滤膜、过氯乙烯滤膜等。滤纸的孔隙不规则且较少，适用于金属尘粒的采集。因滤纸吸水性较强，不宜用于重量法测定颗粒物浓度。微孔滤膜是由硝酸（或醋酸）纤维素制成的多孔性薄膜，孔径细小、均匀，质量轻，金属杂质含量极微，溶于多种有机溶剂，尤其适用于采集分析金属的气溶胶。核孔滤膜是将聚碳酸酯薄膜覆盖在铀箔上，用中子流轰击、使铀核分裂产生的碎片穿过薄膜形成微孔，再经化学腐蚀处理制成。这种膜薄而光滑，机械强度好，孔径均匀、不亲水，适用于精密的质量分析，但因微孔呈圆柱状，采样效率较微孔滤膜低。银薄膜由微细的银粒烧结制成，具有与微孔滤膜相似的结构，能耐 400℃ 高温，抗化学腐蚀性强，适用于采集酸、碱气溶胶及含煤焦油、沥青等挥发性有机物的气样。

④ 自然积集法。自然积集法是利用物质的自然重力、空气动力和浓差扩散作用采集大气中的被测物质，如大气中氟化物、自然降尘量、硫酸盐化速率等样品的采集。此方法不需动力设备，采样时间长，测定结果能较真实地反映空气污染情况。

采集大气中降尘的方法分湿法和干法两种，湿法使用比较普遍。湿法采样是在一定大小的圆筒形玻璃（或塑料、瓷、不锈钢）缸中加入一定量的水，放置在距地面 5～12m 高，附近无高大建筑物及局部污染源的地方，采样口距基础面 1～1.5m，以避免基础面扬尘的影响。中国集尘缸的尺寸为内径（15±0.5）cm、高 30cm，一般加水 100～300mL。冬季为防止冰冻保持缸底湿润，需加入适量乙二醇。夏季为抑制微生物及藻类的生长，需加入适量硫酸铜。采样时间为（30±2）d，多雨季节注意及时更换集尘缸，防止水满溢出。干法采样一般使用标准集尘器，如图 2-9 所示。中国干法采样多用集尘缸，在缸底放入塑料圆环，圆环上再放置塑料筛板，如图 2-10 所示。

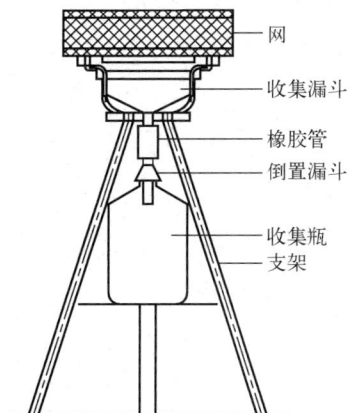

图 2-9 标准集尘器

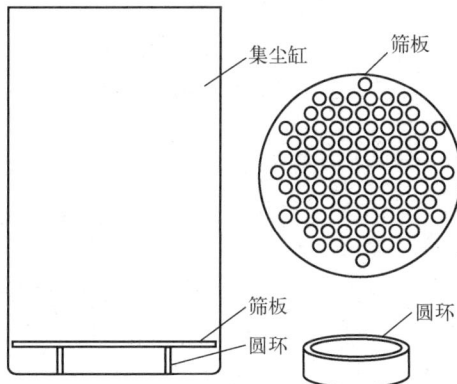

图 2-10 干法集尘缸

2. 采样仪器

直接采样法采样时用注射器、塑料袋、采气管等即可。富集采样法使用的采样仪器主要由收集器、流量计、抽气泵三部分组成。大气采样仪器的型号很多，按其用途可分为气态污染物采样器和总悬浮颗粒物采样器等。

（1）气态污染物采样仪器 富集采样法要使用配套的采样仪器，分为便携式和固定式（恒温恒流）两种类型。便携式大气采样器有 KB-6A、KB-B、KB-6C、DC-2、CH-4、TH-110B 型等型号，固定式（恒温恒流）采样器有 HZL、HZ-2、TH-3000 型等型号，另外还有 KC-6120 和 TH-150 型气态污染物和 TSP（PM_{10}）综合采样器。

（2）总悬浮颗粒物采样器 一般用滤膜过滤法采样。按流量大小分为大流量采样器（$1.1\sim1.7m^3/min$，如图 2-11 所示）、中流量采样器（$50\sim150L/min$，如图 2-12 所示）和小流量采样器（$20\sim30L/min$）三种。环境空气采样一般用大流量采样器，室内空气采样则用中、小流量采样器。常见的大流量采样器有 HVC1000N、HVC1000D、TH-1000C 等型号；中流量采样器有 KC-6120、TH-15B、TH-150C、ZC-120E 型等型号；小流量采样器有 KC-8301 型等型号。

图 2-11 大流量 TSP（PM_{10}）采样器

图 2-12 中流量 TSP（PM_{10}）采样器

（3）可吸入颗粒物（PM_{10}）采样器　可使用大流量采样器或中小流量采样器采样。但在装置的进气口和采样夹之间要加设一个切割器。使气流中大于 10μm 粒子和小于 10μm 粒子分别先后被切割器和采样夹所阻留，从采样夹中所得到的即是采样样品（PM_{10}）。常用的切割器有旋风式、向心式和撞击式等多种形式。它们又分为二段式和多段式，二段式是采集 10μm 以下的颗粒，多段式可分别采集不同粒径的颗粒物。

四、采样效率和评价方法

采样效率指在规定的采样条件下，所采集污染物的量占其总量的百分数。污染物存在的状态不同，评价方法也不同。

1. 采集气态和蒸气态污染物效率的评价方法

（1）绝对比较法　精确配制一个已知浓度 c_0 的标准气体，用所选用的采样方法采集标准气体，测定其浓度 c_1，则其采样效率 K 为：

$$K = \frac{c_1}{c_0} \times 100\%$$

这种方法评价采样效率虽然比较理想，但由于配制已知浓度的标准气体有一定的困难，在实际中很少采用。

（2）相对比较法　配制一个恒定但不要求知道待测污染物准确浓度的气体样品，用 2～3 个采样管串联起来采集所配样品，分别测定各采样管中的污染物的浓度，采样效率 K 为：

$$K = \frac{c_1}{c_1 + c_2 + c_3} \times 100\%$$

式中，c_1、c_2、c_3 分别为第一、第二、第三管中分析测得浓度。

用这种方法评价采样效率，第二、三管中污染物的浓度所占的比例越小，采样效率越高。一般要求 K 值为 90%以上。采样效率过低时，应更换采样管、吸收剂或降低抽气速率。

2. 采集颗粒物效率的评价方法

（1）颗粒数比较法　即所采集到的颗粒物数目占总颗粒数目的百分数。采样时，用一个灵敏度很高的颗粒计数器测量进入滤料前后空气中的颗粒数。则采样效率 K 为：

$$K = \frac{n_1 - n_2}{n_1} \times 100\%$$

式中　n_1——进入滤料前空气中的颗粒数，即总颗粒数，个；

n_2——进入滤料后空气中的颗粒数，个。

（2）质量比较法　即所采集到的颗粒物质量占总质量的百分数。采样效率 K 为：

$$K = \frac{m_1}{m_2} \times 100\%$$

式中　m_1——采集颗粒物的质量，g；

m_2——采集颗粒物的总质量，g。

当全部颗粒物的大小相同时，这两种方法的采样效率在数值上才相等。但是，实际上这种情况是不存在的，粒径几微米以下的小颗粒物的颗粒数总是占大部分，而按质量计算却占很小部分，故质量采样效率总是大于颗粒数采样效率。在大气监测评价中，评价采集颗粒物方法的采样效率多用质量采样效率表示。

五、采样记录

采样记录与实验室记录同等重要,在实际工作中,若不重视采样记录,不认真、及时填写采样记录,会导致由于记录不完整而使一大批监测数据无法统计而作废的情况,因此,必须给予高度重视。采样记录如表 2-5 和表 2-6 所示。

表 2-5 气态污染物现场采样记录表

采样地点_____ 污染物名称_____
采样方法_____ 采样仪器型号_____

采样日期	样品编号	采样时间		气温/℃	气压/kPa	流量/(L/min)			采集空气			天气状况
		开始	结束			开始后	结束前	平均	时间/min	体积/L	标准体积/L	

采样者_____ 审核者_____

表 2-6 TSP(PM$_{10}$)现场采样记录

采样地点_____ _____年___月___日

采样器编号	滤膜编号	采样时间		累积采样时间/min	气温/℃	气压/kPa	流量/(m^3/min)	天气
		开始	结束					

采样者_____ 审核者_____

练习题

1.直接采样法和富集采样法各适用于什么情况?怎样提高溶液吸收法的富集效率?

2.大气采样点的布设有哪几种?各适用于什么情况?不同的布点方法是否可以同时使用?

3.吸收液的选择原则是什么?

4.已知某采样点的温度为 27℃,大气压力为 100kPa。现用溶液吸收法采样测定 SO$_2$ 的日平均浓度,每隔 4h 采样一次,共采集 6 次,每次采 30min,采样流量为 0.5 L/min。将 6 次气样的吸收液定容至 50.00mL,取 10.00mL,用分光光度法测知含 SO$_2$ 2.5μg,求该采样点大气在标准状态下 SO$_2$ 的日平均浓度(以 mg/m^3 和 ppm 表示)。

学习笔记

任务二 大气中二氧化氮含量的测定

任务目标

1. 掌握二氧化氮的测定原理和操作。
2. 熟练掌握大气采样器和分光光度计的使用。

【任务引领】

一、原理

用冰醋酸、对氨基苯磺酸和盐酸萘乙二胺配成吸收液。空气中的二氧化氮与吸收液中的对氨基苯磺酸进行重氮化反应，再与 N-(1-萘基)乙二胺二盐酸盐作用，生成粉红色的偶氮染料，于波长 540～545nm 之间，测定吸光度。

二、仪器和试剂

（1）吸收瓶　内装 10mL、25mL 或 50mL 吸收液的多孔玻板吸收瓶。

（2）便携式空气采样器　流量范围 0～1 L/min。采气流量为 0.4 L/min 时，误差小于±5%。

（3）分光光度计

（4）硅胶管　内径约 6mm。

（5）N-(1-萘基)乙二胺二盐酸盐储备液　称取 0.50 N-(1-萘基)乙二胺二盐酸盐于 500mL 容量瓶中，用水溶解稀释至刻度。此溶液贮于密封的棕色瓶中，在冰箱中冷藏，可以稳定存放三个月。

（6）显色液　称取 5.0g 对氨基苯磺酸（$NH_2C_6H_4SO_3H$）溶于约 200mL 热水中，将溶液冷却至室温，全部移入 1000mL 容量瓶，加入 50mL 冰醋酸和 50.0mL N-(1-萘基)乙二胺盐酸盐贮备液，用水稀释至刻度。此溶液贮于密闭的棕色瓶中，在 25℃以下暗处存放，可稳定存放三个月。

（7）吸收液　使用时将显色液和水按 4+1（体积比）比例混合，即为吸收液。此溶液贮于密闭的棕色瓶中，在 25℃以下暗处存放，可稳定存放三个月。若呈现淡红色，应弃之重配。

（8）亚硝酸盐标准储备溶液[250mg（NO_2^-）/L]　准确称取 0.3750g 亚硝酸钠（$NaNO_2$ 优级纯，预先在干燥器内放置 24h），移入 1000mL 容量瓶中，用水稀释至标线。此溶液储于密闭瓶中于暗处存放，可稳定存放三个月。

（9）亚硝酸盐标准工作溶液[2.50mg（NO_2^-）/L]　用亚硝酸盐标准储备溶液稀释，临用前现配。

三、操作步骤

（1）采样　取一支多孔玻板吸收瓶，装入 10.0mL 吸收液，以 0.4L/min 流量采气 6～24L。采样、样品运输及存放过程应避免阳光照射。空气中臭氧浓度超过 0.25mg/m³ 时，使吸收液略显红色，对二氧化氮的测定产生负干扰。采样时在吸收瓶入口端串接一段 15～20cm 长的硅胶管，可以将臭氧浓度降低到不干扰二氧化氮测定的水平。

（2）标准曲线的绘制　取 6 支 10mL 具塞比色管，按表 2-7 制备标准色列。

表 2-7　标准色列的配制

管号	标准工作溶液/mL	水/mL	显色液/mL	NO₂浓度/（g/mL）
0	0.00	2.00	8.00	0.00
1	0.40	1.60	8.00	0.10
2	0.80	1.20	8.00	0.20
3	1.20	0.80	8.00	0.30
4	1.60	0.40	8.00	0.40
5	2.00	0.00	8.00	0.50

将各管混匀，于暗处放置 20min（室温低于 20℃时，应适当延长显色时间。如室温为 15℃时，显色 40min），用 10mm 比色皿，以水为参比，在波长 540～545nm 之间测量吸光度。扣除空白试验的吸光度后，对应 NO_2 的浓度（g/L），用最小二乘法计算标准曲线的回归方程。

（3）样品测定　采样后放置 20min（气温低时，适当延长显色时间，如室温为 15℃时，显色 40min），用水将采样瓶中吸收液的体积补至标线，混匀，以水为参比，在 540～545nm 处测量其吸光度和空白试验样品的吸光度。

若样品的吸光度超过标准曲线的上限，应用空白试验溶液稀释，再测其吸光度。

四、数据处理

二氧化氮的浓度 ρ_{NO_2}（mg/m³）用下式计算。

$$\rho_{NO_2}（mg/m^3）= \frac{(A-A_0-a)VD}{bfV_0}$$

式中　A ——样品溶液的吸光度；
A_0 ——空白试验溶液的吸光度；
b ——标准曲线的斜率；
a ——标准曲线的截距；
V ——采样用吸收液体积，mL；
D ——样品的稀释倍数；
V_0 ——换算为标准状态（273K、101.325kPa）下的采样体积，L；
f ——Saltzman 实验系数，0.88（当空气中二氧化氮的浓度高于 0.720mg/m³ 时，f 值为 0.77）。

注意吸收液应避光，且并不能长时间暴露在空气中，以防止光照使吸收液显色或吸收空气中的氮氧化物而使空白试剂液吸光度增高；亚硝酸钠应妥善保存，防止在空气中氧化成硝酸钠；氧化管颜色变化应及时更换。

五、注意事项

1. 采样后应尽快测量样品的吸光度，若不能及时分析，应将样品于低温暗处存放。样品于 30℃暗处存放，可稳定 8h；20℃暗处存放，可稳定 24h；于 0～4℃冷藏，至少可稳定 3d。

2. 空白试验与采样使用的吸收液应为同一批配制的吸收液。

3. 空气中臭氧浓度超过 0.25mg/m³ 时，使吸收液略显红色，对二氧化氮的测定产生干扰。

4. 采样时在吸收瓶入口端串接一段 15～20cm 长的硅胶管，即可将臭氧浓度降低到不干扰二氧化氮测定的水平。

思考题

1. 臭氧会对二氧化氮的测定产生什么样的干扰？如何消除？

2. 如果吸收液长期放置已变色还继续使用，会使实验结果产生什么样的偏差？

学习笔记

实训任务单

班级:	姓名:	学号:	成绩:

任务名称：**大气中二氧化氮含量的测定** 　　　　　　　　　　　　　　　　日期：

一、任务要求

1. 掌握二氧化氮的测定原理和操作。
2. 熟练掌握大气采样器和分光光度计的使用。

二、思考题

1. 臭氧会对二氧化氮的测定产生什么样的干扰？如何消除？

2. 如果吸收液长期放置已变色还继续使用，会使实验结果产生什么样的偏差？

三、基本原理

四、仪器药品

1. 所用仪器

2. 所用药品

五、数据记录表格

六、注意事项

1. 采样后应尽快测量样品的吸光度，若不能及时分析，应将样品于低温暗处存放。样品于 30℃暗处存放，可稳定 8h；20℃暗处存放，可稳定 24h；于 0～4℃冷藏，至少可稳定 3d。
2. 空白试验与采样使用的吸收液应为同一批配制的吸收液。
3. 空气中臭氧浓度超过 0.25mg/m³ 时，使吸收液略显红色，对二氧化氮的测定产生干扰。
4. 采样时在吸收瓶入口端串接一段 15～20cm 长的硅胶管，即可将臭氧浓度降低到不干扰二氧化氮测定的水平。

七、预习中出现的问题

【知识链接】　　　　　大气污染物的监测

一、二氧化硫

二氧化硫是大气中主要污染物之一，它来源于煤和石油等燃料的燃烧、含硫矿物的冶炼、硫酸等化工产品生产排放的废气等。二氧化硫对呼吸道黏膜有强烈的刺激性，是诱发支气管炎疾病的原因之一，特别是当它与烟尘等气溶胶共存时，可加重对呼吸道黏膜的损害。

测定二氧化硫常用的方法有分光光度法、紫外荧光法、电导法、库仑滴定法、火焰光度法等。国家规定的标准分析方法是：四氯汞钾溶液吸收-盐酸副玫瑰苯胺分光光度法和甲醛吸收-副玫瑰苯胺分光光度法。

1. 四氯汞钾溶液吸收-盐酸副玫瑰苯胺分光光度法

四氯汞钾溶液吸收-盐酸副玫瑰苯胺分光光度法的原理是用氯化钾和氯化汞配制成四氯汞钾吸收液，气样中的二氧化硫经该溶液吸收生成稳定的二氯亚硫酸盐配合物，此配合物再与甲醛和盐酸副玫瑰苯胺作用，生成紫色配合物，其颜色深浅与二氧化硫含量成正比，用分光光度法测定。该方法测定灵敏度高，选择性好，但吸收液毒性较大。

2. 甲醛吸收-副玫瑰苯胺分光光度法

甲醛吸收-副玫瑰苯胺分光光度法原理见任务一原理部分。

二、氮氧化物

氮的氧化物有 NO、NO_2、N_2O、N_2O_3、N_2O_4、N_2O_5 等多种形式。大气中的氮氧化物主要以 NO、NO_2 的形式存在，它们主要来源于石化燃料高温燃烧和硝酸、化肥等生产工艺排放的废气，汽车排气等。

常用的测定方法有盐酸萘乙二胺分光光度法、化学发光法、恒电流库仑滴定法等。

盐酸萘乙二胺分光光度法原理是用冰醋酸、对氨基苯磺酸和盐酸萘乙二胺配成吸收液。空气中的二氧化氮与吸收液中的对氨基苯磺酸进行重氮化反应，再与 N-(1-萘基)乙二胺盐酸盐作用，生成粉红色的偶氮染料，于波长 540～545nm 之间，测定吸光度。

NO 不与吸收液发生反应，测定 NO_x 总量时，必须先使气样通过三氧化二铬-砂子氧化管，将 NO 氧化成 NO_2 后，再通入吸收液进行吸收和显色。因此样气不通过氧化管测的是 NO_2 含量，通过氧化管测的是 NO_2+NO 的总量，二者之差为 NO 的含量。

用亚硝酸钠标准溶液配制成标准色列，于波长 540nm 处测其吸光度及空白试剂溶液的吸光度，用经空白试剂修正后的标准色列的吸光度对亚硝酸根含量绘制出标准曲线。并用最小二乘法计算标准曲线的回归方程。采样后，同标准曲线制作方法一样，测定样品吸光度，计算空气中的二氧化氮的浓度。

三、一氧化碳

一氧化碳是大气主要污染物之一，它易与人体血液中的血红蛋白结合，形成碳氧血红蛋白，使血液输送氧的能力降低，造成机体缺氧，严重时人体会因窒息而死亡。它主要来源于石化燃料不完全燃烧和汽车尾气，森林火灾、火山爆发等自然灾害也是其来源之一。

测定大气中一氧化碳的方法有非分散红外吸收法、气相色谱法、间接冷原子吸收法、汞置换法等。

非分散红外吸收法的原理是 CO、CO_2 等气态分子受到红外辐射（$1\sim25\mu m$）时吸收各自特征波长的红外光，引起分子振动和转动能级的跃迁，形成红外吸收光谱。在一定浓度范围内，吸收光谱的峰值（吸光度）与气态物质浓度之间的关系符合朗伯-比尔定律，因此，测其吸光度即可确定气态物质的浓度。此方法广泛用于 CO、CO_2、CH_4、SO_2、NH_4 等气态污染物的监测，测定简便、快速，能够不破坏被测物质，适用于连续自动监测。

非分散红外吸收法 CO 监测仪的工作原理：从红外光源发射出能量相同的两束平行光，被同步电机 M 带动的切光片交替切断，然后一束光作为参比光通过滤波室、参比室射入检测室，其 CO 特征吸收波长的光强度不变。另一束光作为测量光束，通过滤波室、测量室射入检测室。由于测量室内有气样通过，气样中的 CO 吸收了部分特征波长的红外光，使射入检测室的光束强度减弱，且 CO 含量越高，光强减弱越多。检测室用一金属薄膜（厚 $5\sim10\mu m$）分隔为上、下两室，均充等浓度的 CO 气体，在金属薄膜一侧还固定一圆形金属片，距薄膜 $0.05\sim0.08mm$，二者组成一个电容器，故这种检测器称为电容检测器或薄膜微音器。由于射入检测室的参比光束强度比测量光束强度大，两室中气体温度产生差异，致使下室中的气体膨胀压力大于上室，使金属薄膜偏向固定金属片一方，因此改变了电容器两极间的距离，故改变了电容量，根据其变化值即可得知气样中 CO 的浓度。

测量时，先通入纯氮气进行零点校正，再用标准的 CO 气体校正，然后通入样气，便可直接显示记录气样中 CO 的浓度，以 ppm 计。

应注意 CO 的红外吸收峰在 $4.5\mu m$ 附近，CO_2 在 $4.3\mu m$ 附近，水蒸气在 $6\mu m$ 和 $3\mu m$ 附近，而大气中 CO_2 和水蒸气的浓度又远大于 CO 的浓度，所以会干扰 CO 的测定。在测定前用制冷剂或通过干燥剂的方法可以除去水蒸气，用窄带滤光片或气体滤波室将红外辐射限制在 CO 吸收的范围内，可消除 CO_2 的干扰。

四、臭氧

臭氧是一种强氧化性气体，主要集中在大气平流层中，臭氧层能够吸收 99% 以上来自太阳的紫外辐射，从而保护了地球上的生物不受其伤害。空气中的臭氧一方面来自平流层，另一方面由于人类生产和生活活动排放的碳氢化合物及氮氧化物经一系列光化学反应而产生。臭氧具有强烈的刺激性，易会损伤人体呼吸道和肺。

臭氧的测定方法有分光光度法、化学发光法、紫外线吸收法等。国家规定的标准分析方法是：靛蓝二磺酸钠分光光度法和紫外分光光度法。

五、总烃和非甲烷烃

总碳氢化合物有两种表示方法：一种是包括甲烷在内的碳氢化合物，称为总烃（THC）。另一种是除甲烷以外的碳氢化合物，称为非甲烷烃（NMHC）。大气中的碳氢化合物主要是甲烷，当大气污染严重时，空气中大量增加甲烷以外的碳氢化合物，它们是形成光化学烟雾的主要物质之一，主要来自炼焦、化工等生产过程排放的气体及汽车废气等。

测定总烃和非甲烷烃的主要方法有气相色谱法、光电离检测法等。

六、氟化物

大气中的气态氟化物主要是氟化氢及少量的氟化硅和氟化碳，颗粒态氟化物主要是冰晶石、氟化钠、氟化铝、氟化钙（萤石）等。氟化物污染主要来源于含氟矿石及其以燃煤为能源的工业过程。测定大气中氟化物的方法有：石灰滤纸采样-氟离子选择电极法；滤膜采样-氟离子选择电极法；分光光度法等。

七、可吸入颗粒物

能悬浮在空气中，空气动力学当量直径小于 $10\mu m$ 的颗粒物称为可吸入颗粒物（PM_{10} 或 IP），又称作飘尘。常用的测定方法有重量法、压电晶体振荡法、β 射线吸收法及光散射法等。国家规定的测定方法是重量法。重量法可根据采样流量不同，分为大流量采样重量法和小流量采样重量法。该法使一定体积的空气进入切割器，将 $10\mu m$ 以上粒径的微粒分离，小于这一粒径的微粒随气流经分离器的出口被阻留在已恒重的滤膜上，根据采样前后滤膜的质量差及采样体积，计算飘尘浓度（mg/m^3）。

测定时选用合格的超细玻璃纤维滤膜，在干燥器内放置 24h，用感量为 0.1mg 的分析天平称量，放入干燥器 1h 再称量，两次质量差不得大于 0.4mg（为恒重）。将恒重滤膜放在采样夹滤网上，牢固压紧至不漏气，每测定一次浓度都须更换滤膜。测日平均浓度，只需采集到一张滤膜上，采样结束后，用镊子将有尘面的滤膜对折放入纸袋，做好记录，放入干燥器内 24h 恒重，称量结果。测定平均浓度，间断采样时间不得少于 4 次，采样口距离地面 1.5m，采样不能在雨雪天进行，风速不大于 8m/s。

按下式计算大气中可吸入颗粒物浓度。

$$\rho(g/m^3) = \frac{m_1 - m}{V_t}$$

式中　m_1 ——采样后滤膜质量，g；

　　　m ——采样前滤膜质量，g；

　　　V_t ——换算成标准状态下采样体积，m^3。

应注意：选好切割器并校准；采样系统变异系数小于 15%，流量变化在额定流量的 $\pm 10\%$ 内；选好滤膜，处理好滤膜；选择合适的采样点。

八、自然降尘

自然降尘简称降尘，指大气中自然降落在地面上的颗粒物，其粒径多在 $10\mu m$ 以上。国家规定的标准分析方法是采用乙二醇水溶液作收集液的湿法采样，用重量法测定环境空气中降尘浓度，此方法适用于测定环境空气中可沉降颗粒物，方法的检测限为 $0.2t/km^2 \cdot 30d$。

空气中可沉降颗粒物沉降在装有乙二醇水溶液作收集液的集尘缸内，经蒸发、干燥、称重后，计算降尘量。

1. 降尘总量的测定

采样后，用淀帚把缸壁擦洗干净，将缸内溶液和尘粒全部转入烧杯中，蒸发，浓缩，冷却后用水冲洗杯壁，并用淀帚把杯壁上的尘粒擦洗干净，在电热板上小心蒸发至干（溶液少时注意不要迸溅），然后放烘箱于（105±5）℃烘干，称量到恒重。此值为 m_1。

降尘总量按下式计算。

$$m = \frac{m_1 - m_0 - m_c}{S \times n} \times 30 \times 10^4$$

式中　m ——降尘总量，$t/km^2 \cdot 30d$；

　　　m_1 ——降尘、瓷坩埚和乙二醇水溶液蒸发至干并在（105±5）℃恒重后的质量，g；

m_0 ——在（105±5）℃烘干的瓷坩埚质量，g；

m_c ——与采样操作等量的乙二醇水溶液蒸发至干并在（105±5）℃恒重后的质量，g；

S ——集尘缸口面积，cm^2；

n ——采样天数（准确到 0.1d）。d。

2. 降尘总量中可燃物的测定

将上述已测降尘总量的瓷坩埚放入马福炉中，在 600℃下灼烧，待炉内温度降至 300℃下时取出，放入干燥器中，冷却，称重。再在 600℃下灼烧 1h，冷却，称量，直至恒重，此值为 m_2。

将与采样操作等量的乙二醇水溶液放入烧杯中，按降尘总量测定步骤进行相同操作，灼烧后，称量至恒重，减去瓷坩埚的重量 m_b，即为 m_d。

降尘中可燃物按下式计算。

$$m=\frac{(m_1-m_0-m_c)-(m_2-m_b-m_d)}{S \times n} \times 30 \times 10^4$$

式中 m ——可燃物量，$t / km^2 \cdot 30d$；

m_b ——瓷坩埚于 600℃灼烧后的质量，g；

m_2 ——降尘、瓷坩埚及乙二醇水溶液蒸发残渣于 600℃灼烧后的质量，g；

m_d ——与采样操作等量的乙二醇水溶液蒸发残渣于 600℃灼烧后的质量，g；

S ——集尘缸口面积，cm^2；

n ——采样天数（准确到 0.1d），d。

🖊 **学习笔记**

任务三 大气中二氧化碳含量的测定

任务目标

1. 掌握二氧化碳的测定原理和操作。
2. 熟练掌握大气采样器和非分散红外吸收测定仪的使用。

【任务引领】

一、测定方法

非分散红外吸收法的测定方法参考 HJ 870—2017《固定污染源废气 二氧化碳的测定 非分散红外吸收法》。

二、原理

二氧化碳气体选择性吸收 4.26μm 波长红外辐射光，在一定浓度范围内，吸收值与二氧化碳的浓度遵循朗伯-比尔定律，根据吸收值可以确定样品中二氧化碳的浓度。

仪器量程值为 20%（体积浓度）条件下，本方法的检出限为 0.03%（0.6g/m³），测定下限为 0.12%（2.4g/m³）。

一氧化碳气体选择性吸收 4.67μm 波长红外辐射光，所以本方法也可以用来测定一氧化碳的含量。

三、仪器和试剂

（1）非分散红外吸收测定仪

① 仪器组成：分析仪（含气体流量计和流量控制单元、抽气泵、检测器等）、采样管（含滤尘装置、加热及保温装置）、导气管、除湿装置、便携式打印机等。

② 性能要求：

a. 示值误差：不超过±5%；

b. 系统偏差：不超过±5%；

c. 零点漂移：不超过±3%；

d. 量程漂移：不超过±3%；

e. 具有消除干扰功能；

f. 除湿装置应满足仪器要求；

g. 具有采样流量显示功能，气体流量计的测量范围和精度应满足仪器要求；

h. 采样管加热及保温温度：120~160 ℃内可设、可调。

（2）塑料铝箔复合薄膜采气袋　0.5 L 或 1.0 L。

（3）零气（纯度≥99.99%的氮气）

（4）变色硅胶　在 120℃下干燥 2h。

（5）无水氯化钙（分析纯）

（6）烧碱石棉（分析纯）

（7）二氧化碳标准气体（0.5%）　贮于铝合金钢瓶中。

四、操作步骤

（1）在采样点按照国家标准确定采样位置、采样点及频次　用塑料铝箔复合薄膜采气袋，抽取现场空气冲洗 3～4 次，采气 0.5L 或 1.0L，密封进气口，带回实验室分析。也可以将仪器带到现场间歇进样，或连续测定空气中二氧化碳的浓度。

（2）校准

① 启动和零点校准　仪器接通电源后，稳定 30min～1h，将高纯氮气或空气经干燥管和烧碱石棉过滤管后，进行零点校准。

② 终点校准　用二氧化碳标准气（如 0.50%）连接在仪器进样口，进行终点刻度校准。零点与终点校准重复 2～3 次，使仪器处在正常工作状态。

（3）漏气检查　将测定仪采样管前端置于排气筒中采样点上，堵严采样孔，使之不漏气。

（4）测定　启动抽气泵，以测定仪规定的采样流量取样测定，待测定仪稳定后，按分钟保存测定数据，取至少连续 5min 测定数据的平均值作为一次测量值。

（5）抽气　将内装空气样品的塑料铝箔复合薄膜采气袋接在装有变色硅胶或无水氯化钙的过滤器和仪器的进气口相连接，样品被自动抽到气室中，并显示二氧化碳的浓度（%）。

如果将仪器带到现场，可间歇进样测定，并可长期监测空气中二氧化碳浓度。

（6）仪器清洗　一次测量结束后，依照仪器说明书的规定用零气清洗仪器。

（7）清洗调零　取得测量结果后，用零气清洗测定仪；待其示值回到零点附近后，关机断电，结束测定。

五、数据处理

二氧化碳的浓度（g/m³）按下式计算：

$$\rho = 19.6 \times \omega$$

式中　ρ——标准状态下二氧化碳质量浓度，g/m³；

ω——仪器测得的二氧化碳体积浓度，%。体积浓度的结果表示：当二氧化碳浓度小于 1.00%时，结果保留到小数点后 2 位，大于或等于 1.00%时，结果保留 3 位有效数字。

六、注意事项

1. 仪器应在规定的环境温度、环境湿度等条件下工作。

2. 测量前，应及时清洁或更换滤尘装置，防止阻塞气路。

3. 测量时，应检查采样管加热系统工作是否正常。

4. 及时排空除湿装置的冷凝水，防止影响测定结果。

5. 仪器应具有抗负压能力，保证采样流量不低于其规定的流量范围。

6. 室内空气中非待测组分，如甲烷、一氧化碳、水蒸气等影响测定结果。红外线滤光片的波长为 4.26μm，二氧化碳对该波长有强烈的吸收；而一氧化碳和甲烷等气体不吸收。因此，一氧化碳和甲烷的干扰可以忽略不计；但水蒸气对测定二氧化碳有干扰，它可以使气室反射率下降，从而使仪器灵敏度降低，影响测定结果的准确性，因此，必须使空气样品经干燥后，再进入仪器。

📝 学习笔记

>>> **实训任务单** <<<

班级：		姓名：		学号：		成绩：

任务名称：大气中二氧化碳含量的测定		日期：

一、任务要求

1. 掌握二氧化碳的测定原理和操作。
2. 熟练掌握大气采样器和非分散红外吸收测定仪的使用。

二、思考题

1. 室内空气中非待测组分，如甲烷、一氧化碳、水蒸气等会影响测定结果，如何消除？

2. 气体流量计的测量范围和精度是多少？

三、基本原理

四、仪器药品

1. 所用仪器

2. 所用药品

五、数据记录表格

六、注意事项

1. 仪器应在规定的环境温度、环境湿度等条件下工作。
2. 测量前，应及时清洁或更换滤尘装置，防止阻塞气路。
3. 测量时，应检查采样管加热系统工作是否正常。
4. 及时排空除湿装置的冷凝水，防止影响测定结果。

七、预习中出现的问题

任务四 大气中总悬浮颗粒物(PM₂.₅、PM₁₀)的测定

任务目标

1. 掌握大气中颗粒物的测定原理及测定方法。
2. 学会使用大流量采样器采集总悬浮颗粒物并能够进行相应的记录分析。

【任务引领】

一、原理

大气中总悬浮颗粒物是指能悬浮在空气中，空气动力学直径为 100μm 以下的颗粒物，以 TSP 表示。$PM_{2.5}$ 是指大气中直径小于或等于 2.5μm 的颗粒物，也称为可入肺颗粒物。它的直径还不到人头发丝粗细的 1/20。虽然 $PM_{2.5}$ 只是地球大气成分中含量很少的组分，但它对空气质量和能见度等有重要的影响。与较粗的大气颗粒物相比，$PM_{2.5}$ 粒径小，富含大量的有毒、有害物质且在大气中的停留时间长、输送距离远，因而对人体健康和大气环境质量的影响更大。可吸入颗粒物又称为 PM_{10}，指直径大于 2.5μm、等于或小于 10μm，可以进入人体呼吸系统的颗粒物；总悬浮颗粒物也称为 PM_{100}，即直径小于或等于 100μm 的颗粒物。常用的测定方法是重量法，适用于大流量或中流量总悬浮颗粒物采样器进行空气中总悬浮颗粒物的测定，检测极限为 $0.001mg/m^3$。

用抽气动力抽取一定体积的空气通过已恒重的滤膜，则空气中的总悬浮颗粒物被阻留在滤膜上，根据采样前后滤膜的质量之差及采样体积，即可计算总悬浮颗粒物的质量浓度。滤膜经处理后，可进行化学组分分析。

测定时把滤膜放入恒温恒湿箱内平衡 24h，平衡温度取 15~30℃中任一点，并记录温度和湿度，平衡称量滤膜，标准至 0.1mg。将滤膜放入滤膜夹，使之不漏气，安装采样头顶盖和设置采样时间后即可启动采样。采样后，打开采样头，取出滤膜，若无损坏，在平衡条件下，即可计量测定，若有损坏，本次实验作废。

二、仪器和试剂

（1）大流量采样器 其流量范围为 $1.1~1.7m^3/min$，采集颗粒物粒径范围 50~100μm 以下。它由以下 6 个部件组装而成。

① 铝制的采样器外壳：它能防雨，并保护整个采样器的各个部件。

② 滤料夹：可安装面积为 200mm×250mm 的采样滤料（滤纸或滤膜）。

③ 采样动力：一个装在圆筒中的大容量涡流风机，可长时间（24h 以上）稳定工作。

④ 工作计时器和程序控制器：计时误差小于 1min。

⑤ 恒流量控制器：恒流控制误差小于 $0.01m^3/min$。

⑥ 流量记录器：空气流量测量误差小于 $0.01m^3/min$。

（2）U 型水柱压差计　如采样器不附带流量自动记录器，可用它测量流量，手工记录。其规格为 40cm 的 U 型玻璃管，内装着色的蒸馏水（冬季应灌注乙醇以防冻裂压差计）。

（3）气压计　最小分度值为 2hPa。

（4）分析天平　装有能容纳 200mm×250mm 滤料的称量盘，感量为 0.1mg。

（5）X 光看片器　用于检查滤料有无缺损或异物。

（6）打号机　用于在滤料上打印编号。

（7）干燥器　容器能平展放置 200mm×250mm 滤料的玻璃干燥器，底层放变色硅胶，滤料在采样前和采样后均放在其中，平衡后再称量。

（8）天平室　室温应在 20～25℃之间，温差变化小于±3℃。相对湿度应小于 50%，相对湿度变化小于 5%。

（9）竹制或骨制的镊子　用于夹取滤料。

（10）滤料贮存盒　盒内有能平置滤料用的塑料托板，使滤料在采样前一直处于平展无折状态。

（11）标准孔口流量校准器　又称二级标准卢茨流量计，流量范围 $0～2m^3/min$，流量校准偏差应小于±4%。校准器限流孔板的孔口内缘在使用过程中应防止划毛或损伤，其精确度应每 1～2 年用一级流量标准器进行定期校准。

（12）滤料　本法所用滤料有两种，规格均为 200mm×250mm。第一种为 49 型超细玻璃纤维滤纸（简称滤纸），对直径 0.3μm 的悬浮粒子的阻留率大于 99.99%；第二种为孔径 0.4～0.65μm 和 0.8μm 的有机微孔滤膜（简称滤膜）。

（13）变色硅胶　作干燥剂用。

三、操作步骤

（1）滤料的准备

① 采样用的每张滤纸或滤膜均须用 X 光看片器对着光仔细检查。不可使用有针孔或有任何缺陷的滤料采样。然后打印编号，号码贴在滤料两个对角上。

② 清洁的玻璃纤维滤纸或滤膜在称重前应放在天平室的干燥器中平衡 24h。滤纸或滤膜平衡和称量时，天平室温度在 20～25℃之间，温差变化小于±3℃；相对湿度小于 50%，相对湿度的变化小于 5%。

③ 称量前，要用 2～5g 标准砝码检验分析天平的准确度，砝码的标准值与称量值的差不应大于±0.5mg。

④ 在规定的平衡条件下称量滤纸或滤膜，准确到 0.1mg。称量要快，每张滤料从平衡的干燥器中取出，30s 内称完，记下滤料的质量和编号，将称过的滤料每张平展地放在洁净的托板上，置于样品滤料保存盒内备用。在采样前不能弯曲和对折滤纸和滤膜。

（2）采样

① 打开采样器外壳的顶盖，拧出采样器固定滤料夹的四个元宝螺丝，取出滤料夹及长方形密封垫。用清洁的布擦去外壳盖、内表面、滤料夹、密封垫、滤料支持网周围和表面上的灰尘。

② 将滤料平放在支持网上，若用玻璃纤维滤纸，应将滤纸的"绒毛"面向上。并放正，

使滤料夹放上后，密封垫正好压在滤料四周的边沿上起密封作用。如装得合适，滤料的边缘与后面支持网的边缘以及上面滤料夹的密封垫都是平行的；如果装得不当，滤料四周边缘呈现不均匀的白边。

③ 放正滤料，并放上滤料夹，拧紧四个元宝螺丝，以不漏气为宜。太紧会造成滤料纤维粘在密封垫上，使滤料失重。

④ 用橡胶管将电机测压孔与40cm水柱压差计连接好，将采样器的供电电压调节在180～200V之间（一般在190V），开机采样。如采样器装有流量自动记录控制器，应将采样流量调节在1.13m³/min，即可直接记录流量。

⑤ 采样开始5min和采样结束前5min各记一次水柱压差计读数。如长时间采样，采样从8：00开始至第二天8：00结束，即连续采样24h于一张滤料上。中间每隔1h再记一次，压差读数准确到1mm，求其平均值。将采样时间的气温、气压和水柱压差计读数等情况记录在总悬浮颗粒物现场采样记录表中。若现场污染严重，可用几张滤料分段采样，合并计算日平均浓度。

⑥ 采样后，取下滤料夹，用镊子轻轻夹住滤料的边（但不能夹角）将滤料取下。以长边中线对折滤料，使采样面向内。如果采集的样品在滤料上的位置不居中，即滤料四周的白边不一致。这时，只能以采到样品的痕迹为准。若样品折得不合适，沉积物的痕迹可能扩展到另侧的白边上，这样，若要将样品分成几等份分析时，测定值会减少。

⑦ 将采样过的滤料放在与它编号相同的滤料盒内，并应注意检查滤料在采样过程中有无漏气迹象，漏气常因面板密封垫用旧或安装不当所致；另外还应检查橡胶密封垫表面，是否出现因滤料夹面板四个元宝螺丝拧得过紧，使滤料上纤维物黏附在表面上，以及滤料是否出现物理性损坏的情况。检查时若发现样品有漏气现象或物理性损坏，则将此样品报废。

⑧ 采样完毕，将总悬浮颗粒物现场采样记录表中的数据转填入总悬浮颗粒物浓度分析记录表中，并与相应的采样过的滤料一起放入滤料盒内，送交实验室。见表2-8。

表2-8 总悬浮颗粒物浓度分析记录表

采样地点_____ 采样编号_____ _____年___月___日

滤膜编号	采样标况流量/（m³/min）	累积采样时间/min	累积采样体积/m³	滤膜称量结果/g			总悬浮颗粒物浓度/（mg/m³）
				采样前（W_0）	采样后（W_1）	差值（ΔW）	

分析者_____ 审核者_____

⑨ 所用采样器涡流风机中的电刷，一般工作30h以后应检查或更换。

（3）测定 采样后的滤料放在天平室内的干燥器中，按采样前空白滤料控制的条件平衡24h，对于很潮湿的滤料应延长平衡时间至48h，称量要快，30s内称完。将称量结果记录在总悬浮颗粒物浓度分析记录表中。为了作总悬浮颗粒物中其他化学成分分析，可再将滤料很好地放回原袋盒中，低温保存备用。

四、数据处理

总悬浮颗粒物的质量浓度按下式计算。

$$TSP(mg/m^3) = \frac{m_1 - m_0}{V_S} \times 10^3$$

式中　TSP——总悬浮颗粒物的质量浓度，mg/m³；

m_1 ——采样后滤料质量，mg；

m_0 ——采样前滤料质量，mg；

V_S ——换算成标准状况下的采样体积，m³。

五、注意事项

1. 采样进气口必须向下，空气气流垂直向上进入采样口，采样口抽气速度规定为0.30m/s。

2. 滤料装入采样夹应平行于地面，气流自上而下通过滤料，单位面积滤料在 24h 内滤过的气体量 Q，应满足下式要求：

$$2 < Q[m^3/（cm^2 \cdot 24h）] < 4.5$$

3. 烟尘、油状颗粒物及光化学烟雾等可使滤料阻塞，使采样流量下降。因此，采样时应随时调节并保持规定采样流量，或减少采样时间，使滤料增加的阻力能被采样器动力所克服。

📝 学习笔记

班级：	姓名：	学号：	成绩：

任务名称：**大气中总悬浮颗粒物的测定（PM$_{2.5}$、PM$_{10}$）** ・　日期：

一、任务要求

1. 掌握大气中悬浮颗粒物的测定原理及测定方法。
2. 学会使用大流量采样器采集总悬浮颗粒物并能够进行相应的记录分析。

二、思考题

1. 在滤料准备过程中应注意哪些事项？

2. 采集总悬浮颗粒物样品时应注意什么？

三、基本原理

四、仪器药品

1. 所用仪器

2. 所用药品

续表

五、数据记录表格

六、注意事项

1. 采样进气口必须向下，空气气流垂直向上进入采样口，采样口抽气速度规定为 0.30m/s。

2. 烟尘、油状颗粒物及光化学烟雾等可使滤料阻塞，使采样流量下降。因此，采样时应随时调节并保持规定采样流量，或减少采样时间，使滤料增加的阻力能被采样器动力所克服。浓雾或高湿度环境中采样，可造成悬浮颗粒物样品过分吸湿，样品在称量前应在干燥器中平衡 48h 以上。

七、预习中出现的问题

任务五　大气中甲醛含量的测定

任务目标

1. 掌握甲醛含量测定的基本原理及方法。
2. 了解甲醛对人体的危害。

【任务引领】

一、原理

甲醛是一种无色、具有刺激性且易溶于水的气体。主要来源于建筑材料、装修物品及生活用品等在室内的使用。甲醛对人体健康的影响主要表现在嗅觉异常、刺激、过敏、肺功能异常、免疫功能下降等方面。当室内空气中甲醛含量为 $0.1mg/m^3$ 时就有异味和不适感；$0.5mg/m^3$ 时可刺激眼睛引起流泪；$0.6mg/m^3$ 时引起咽喉不适或疼痛；浓度再高可引起恶心、呕吐、咳嗽、胸闷、气喘甚至肺气肿。

空气中的甲醛与酚试剂反应生成嗪，嗪在酸性溶液中被高价铁离子氧化形成蓝绿色化合物，用分光光度计在 630nm 处测定。此方法适用于公共场所和室内空气中甲醛含量的测定。

测定时用甲醛标准溶液配制标准色列，以蒸馏水为参比测定其吸光度，绘制标准曲线，计算回归方程，以同样方法测定样品溶液，经空白试剂校正后，计算空气中的甲醛含量。

二、仪器和试剂

（1）大型气泡吸收管　出气口内径为 1mm，出气口至管底距离等于或小于 5mm。

（2）恒流采样器　流量范围 0～1L/min。流量稳定可调，恒流误差小于 2%，采样前和采样后应用皂膜流量计校准采样系列流量，误差小于 5%。

（3）具塞比色管　10mL。

（4）分光光度计　可见光波长 380～780nm。

（5）吸收液原液　称量 0.10g 酚试剂（3-甲基 2-苯并噻唑酮腙，简称 MBTH），加水溶解，倾于 100mL 具塞量筒中，加水到刻度，放冰箱中保存，可稳定存放 3d。

（6）吸收液　量取吸收原液 5mL，加 95mL 水，即为吸收液。采样时，临用现配。

（7）硫酸铁铵溶液（1%）　称量 1.0g 硫酸铁铵[$NH_4Fe(SO_4)_2 \cdot 12H_2O$]，用 0.1mol/L 盐酸溶解，并稀释至 100mL。

（8）碘溶液[$c(1/2I_2)=0.1000mol/L$]　称量 30g 碘化钾，溶于 25mL 水中，加入 127g 碘。待碘完全溶解后，用水定容至 1000mL，移入棕色瓶中，暗处贮存。

（9）氢氧化钠溶液（1mol/L）　称量 40g 氢氧化钠，溶于水中，并稀释至 1000mL。

（10）硫酸溶液（0.5mol/L） 取 28mL 浓硫酸缓慢加入水中，冷却后，稀释至 1000mL。

（11）硫代硫酸钠标准溶液[c(Na$_2$S$_2$O$_3$)=0.1000mol/L]

（12）淀粉溶液（0.5%） 将 0.5g 可溶性淀粉用少量水调成糊状后，再加入 100mL 沸水中，并煎沸 2~3min 至溶液透明，冷却后，加入 0.1g 水杨酸或 0.4g 氯化锌保存。

（13）甲醛标准储备溶液 取 2.8mL 含量为 36%~38% 的甲醛溶液，放入 1L 容量瓶中，加水稀释至刻度。此溶液 1mL 约相当于甲醛含量 1mg。其准确浓度用下述碘量法标定。

甲醛标准储备溶液的标定：精确量取 20.00mL 待标定的甲醛标准贮备溶液，置于 250mL 碘量瓶中。加入 20.00mL 碘溶液[c(1/2I$_2$)=0.1000mol/L]和 15mL 1mol/L 氢氧化钠溶液，放置 15min，加入 20mL 0.5mol/L 硫酸溶液，再放置 15min，用硫代硫酸钠溶液[c(Na$_2$S$_2$O$_3$)=0.1000mol/L]滴定，至溶液呈现淡黄色时加入 1mL 0.5% 淀粉溶液，继续滴定至恰使蓝色褪去为止，记录所用硫代硫酸钠溶液体积（V_2，mL）。同时用水作空白试剂滴定，记录空白滴定所用硫代硫酸钠标准溶液的体积（V_1，mL）。甲醛溶液的浓度按下式计算。

$$甲醛溶液浓度(mg/mL) = \frac{c(V_0 - V) \times 15}{20}$$

式中 V_0 ——空白试剂消耗硫代硫酸钠溶液的体积，mL；

$\quad V$ ——甲醛标准贮备溶液消耗硫代硫酸钠溶液的体积，mL；

$\quad c$ ——硫代硫酸钠溶液的物质的量浓度；

$\quad 15$ ——$\frac{1}{2}$ 甲醛的摩尔质量（$\frac{1}{2}$HCHO），g/mol；

$\quad 20$ ——所取甲醛标准贮备溶液的体积，mL。

两次平行滴定误差应小于 0.05mL，否则重新标定。

（14）甲醛标准溶液 临用时，将甲醛标准贮备溶液用水稀释成 1.00mL 含 10μg 甲醛的溶液，立即再取此溶液 10.00mL，加入 100mL 容量瓶中，加入 5mL 吸收原液，用水定容至 100mL，此液 1.00mL 含 1.00μg 甲醛。放置 30min 后，用于配制标准色列。此标准溶液可稳定存放 24h。

三、操作步骤

（1）采样 用一个内装 5mL 吸收液的大型气泡吸收管，以 0.5L/min 流量采气 10L。记录采样点的温度和大气压力。采样后的样品应在室温下，24h 内分析。

（2）标准曲线的绘制 取 10 支具塞比色管，用甲醛标准溶液按表 2-9 制备标准系列。

表 2-9 甲醛标准溶液系列的配制

管号	标准工作溶液/mL	吸收液/mL	甲醛含量/μg
0	0.00	5.00	0.00
1	0.10	4.90	0.10
2	0.20	4.80	0.20
3	0.40	4.60	0.40
4	0.60	4.40	0.60
5	0.80	4.20	0.80
6	1.00	4.00	1.00
7	1.50	3.50	1.50
8	2.00	3.00	2.00

各管中，加入 0.4mL 1%硫酸铁铵溶液，摇匀。放置 15min。用 1cm 比色皿，在波长 630nm 下，以蒸馏水作参比，测定各管溶液的吸光度。以甲醛含量为横坐标，吸光度为纵坐标绘制曲线，并计算回归线斜率，以斜率倒数作为样品测定的计算因子 B_g（μg/吸光度）。

（3）样品测定 采样后，将样品溶液全部转入比色管中，用少量吸收液洗吸收管，合并使总体积为 5mL。按绘制标准曲线的操作步骤测定吸光度（A）；在每批样品测定的同时，用 5mL 未采样的吸收液作空白试剂，测定空白试剂的吸光度（A_0）。

四、数据处理

$$\rho(甲醛，mg/m^3) = \frac{(A - A_0) \times B_g}{V_0}$$

式中 ρ ——空气中甲醛浓度，mg/m³；

A ——样品溶液的吸光度；

A_0 ——空白溶液的吸光度；

B_g ——计算因子，标准曲线斜率的倒数，μg/吸光度；

V_0 ——换算成标准状态下的采样体积，L。

五、注意事项

空气中有二氧化硫共存时会使测定结果偏低，因此可将气样通过硫酸锰滤纸过滤器将 SO_2 排除。

注：硫酸锰滤纸的制备方法如下。

取 10mL 浓度为 100mg/mL 的硫酸锰水溶液，滴加到 250cm² 玻璃纤维滤纸上，风干后切成碎片，装入 1.5m×150mm 的 U 型玻璃管中。采样时，将此管接在甲醛吸收管之前。此法制成的硫酸锰滤纸有吸收二氧化硫的功效，受大气湿度影响很大，当相对湿度大于 88%、采气速度为 1L/min、二氧化硫浓度为 1mg/m³ 时，能消除 95%以上的二氧化硫，此滤纸可维持 50h 有效。当相对湿度为 15%～35%时，吸收二氧化硫的效能逐渐降低。所以相对湿度很低时，应换新制的硫酸锰滤纸。

思考题

1. 二氧化硫会对甲醛的测定产生什么样的干扰？如何消除？
2. 硫酸铁铵的作用是什么？

学习笔记

>>> **实训任务单** <<<

班级：	姓名：	学号：	成绩：

任务名称：大气中甲醛含量的测定　　　　　　　　　　　　　　　　　　日期：

一、任务要求

1. 掌握甲醛含量测定的基本原理及方法。
2. 了解甲醛对人体的危害。

二、思考题

1. 二氧化硫会对甲醛的测定产生什么样的干扰？如何消除？

2. 硫酸铁铵的作用是什么？

三、基本原理

四、仪器药品

1. 所用仪器

2. 所用药品

五、数据记录表格

六、注意事项

1. 空气中有二氧化硫共存时会使测定结果偏低，因此可将气样通过硫酸锰滤纸过滤器将二氧化硫排除。
2. 相对湿度很低时，应换新制的硫酸锰滤纸。

七、预习中出现的问题

项目测试题

一、选择题

1. 环境空气质量功能区划分中的二类功能区是指（　　　）。

A. 自然保护区，风景名胜区

B. 城镇规划中确定的居住区，商业交通居民混合区，文化区，一般工业区和农村地区

C. 特定工业区

D. 一般地区

2. 在环境空气质量监测点（　　　）m 范围内不能有明显的污染源，不能靠近炉、窑和锅炉烟囱。

A. 10　　　　　　　B.20　　　　　　　C.30　　　　　　　D. 40

3. 在环境空气监测点采集口周围（　　　）m 空间，环境空气流动不受任何影响。如果采样管的一边靠近建筑物，至少在采样口周围要有（　　　）m 弧形范围的自由空间。

A. 90，180　　　　B.180，90　　　　C.270，180　　　　D. 180，270

4. 环境空气采样中，自然积集法主要用于采集颗粒物粒径（　　　）μm 的尘粒。

A. 大于 10　　　　B. 小于 10　　　　C. 大于 20　　　　D. 大于 30

E. 大于 100

5. 环境空气中二氧化硫、氮氧化物的日平均浓度要求每日至少有（　　　）h 的采样时间。

A. 10　　　　　　　B. 12　　　　　　　C. 14　　　　　　　D. 16

E. 18

6. 定点位电解法测定环境空气和废气中二氧化硫中，读数完毕后，将采样枪取出置于环境空气中，清洗传感器至仪器读数在（　　　）mg/m^3 以下后，才能进行第二次测试。

A. 1　　　　　　　B. 15　　　　　　　C. 20　　　　　　　D. 50

7. 测定大气中总悬浮颗粒物滤膜重量的天平，对于大流量采样滤膜，称量范围≥10g，感量 1mg，再现性≤（　　　）mg。

A. 1　　　　　　　B. 2　　　　　　　C. 3　　　　　　　D. 4

8. 重量法测定空气中苯可溶物，用索氏抽提器提取滤膜样品时，向蒸馏瓶中加入（　　　）mL 苯，装上抽出筒和冷凝器，将索氏抽提器置于 90℃恒温水浴中。

A. 40　　　　　　　B. 50　　　　　　　C. 60　　　　　　　D. 100

9. 高效液相色谱法分析环境空气中苯酚类化合物时，采样后的吸收液带回实验室，应使用 1mL 5%的硫酸调节 pH 值小于（　　　）。

A. 1　　　　　　　B. 4　　　　　　　C. 7　　　　　　　D.10

10. 高效液相色谱法测定固定污染源中苯并[a]芘时，采集好苯并[a]芘的超细纤维玻璃滤膜，应保存在（　　　）℃冰箱内。

A.−20　　　　　　B.−5　　　　　　　C. 0～5　　　　　　D. 10

11. 被苯并[a]芘污染的容器可在紫外灯在（　　　）nm 紫外灯照射下检查。

A.254　　　　　　B.364　　　　　　　C. 427　　　　　　　D. 410

12. 火焰原子吸收分光光度法测定环境空气中镍含量时，狭缝宽度应选择（　　　）nm。

A. 0.7　　　　　　B. 0.2　　　　　　　C. 0.4　　　　　　　D. 0.6

13. 火焰原子吸收分光光度法测定环境空气中铁含量时，若镍的浓度超过（　　）mg/L，其对测定值有干扰。

A. 10 　　　　　　B. 50 　　　　　　C. 100 　　　　　　D. 200

14. 石墨原子吸收分光光度法测定烟道气颗粒物中铅含量时，采用金属碳化物涂层石墨管，测定试样的酸度不超过（　　）%。

A. 0.2 　　　　　　B. 2.0 　　　　　　C. 1.0 　　　　　　D. 1.5

15. 空气污染类型中的氧化型污染物，主要来源是（　　）。

A. 燃煤锅炉排放的 CO_2 　　　　　　　　　　　B. 燃煤锅炉排放的 SO_2

C. 燃油锅炉排放的 NO_x 　　　　　　　　　　　D. 汽车尾气排放的 CO

16. 还原型空气污染的主要污染物是（　　）。

A. 碳氢化合物 　　　　B. 颗粒物 　　　　C. NO_x 　　　　D. SO_3

17. 以下关于气态污染物采样方法的说法，正确的是（　　）。

A. 转子流量计适用于压力不稳定的测量系统

B. 采集气体样品的方法可归纳为直接采样法和富集浓缩采样法两类

C. 溶液富集法采样时同步测量大气温度、大气压和湿度是为了校准采样体积

D. 空气中气态污染物采样器一般以质量流量计计量

18. 关于颗粒物采样方法的说法，正确的是（　　）。

A. 为了富集大气中的污染物，富集采样时采样时间越长越好

B. 测定 PM_{10}，如果测定日平均浓度，样品采集在一张滤膜上

C. TSP 是大气中颗粒物的总称

D. 如果测定任何一次 PM_{10} 浓度，则每次不需要交换滤膜

19. 以下关于烟尘采样的说法，正确的是（　　）。

A. 可以不在一个断面取样，但必须用多点测量，这样才能取得较为准确的数据

B. 如果在水平和垂直烟道上都具备采样的情况下，应优先考虑在水平烟道上采样

C. 采样断面与弯头等的距离至少是烟道直径的 1.5 倍

D. 当圆形烟道的直径小于 0.3m 时，设一个采样测点

20. 下列关于盐酸萘乙二铵比色法测定 NO_x 的说法，不正确的是（　　）。

A. 温度高，其标准曲线回归方程的斜率高

B. 空气中的 SO_2 对测定有负干扰

C. 臭氧对测定可产生正干扰

D. 空气中的 PAN 对 NO_x 的测定产生负干扰

二、判断题

1. 监测环境空中气态污染物时，要获得 1h 的平均浓度，样品的采样时间应不少于 30min。　　　　　　　　　　　　　　　　　　　　　　　　　　　　　　　（　　）

2. 环境空气采样时，只有当干燥器中的硅胶全部变色后才需要更换。　　　　（　　）

3. 位于缓冲带内的污染源，应根据其环境空气质量要求高的功能区的影响情况，确定该污染源执行排放标准的级别。　　　　　　　　　　　　　　　　　　　　　　（　　）

4. 在采集固定污染源的气体样品时，烟尘采样嘴的形态和尺寸不受限制。　　（　　）

5. 测定空气中总悬浮颗粒物的重量法，不适用于 TSP 含量过高或雾天采样使滤膜阻力大于 15kPa 的情况。　　　　　　　　　　　　　　　　　　　　　　　　　　（　　）

6.高效液相色谱法分析环境空气中苯酚类化合物含量时,实验中所用的试剂事先必须进行检测,以确定是否被污染。　　　　　　　　　　　　　　　　　　　(　　)

7.高效液相色谱法分析环境空气中苯胺类化合物含量,采集样品时,采集温度对结果的影响很大,而采样时的大气压对测定结果无影响。　　　　　　　　　　　　　　(　　)

8.高效液相色谱法测定大气颗粒物中多环芳烃时,以待测化合物的相对保留值和标准化合物的相对保留值相对比较进行定性分析。　　　　　　　　　　　　　　　　(　　)

9.离子色谱法测定环境空气中氨含量时,分别测定标准溶液和样品溶液的峰高。以单点外标法或绘制标准曲线法,将氨离子的浓度换算为空气中氨的浓度。　　　　　　(　　)

10.离子色谱法测定废气中的氯化氢含量时,配制的试剂不能贮存在塑料瓶内。
　　　　　　　　　　　　　　　　　　　　　　　　　　　　　　　　　(　　)

11.火焰原子吸收分光光度法测定气体污染源中铅含量时,Na^+、K^+、Ca^{2+}对测定稍有增感作用,当浓度较高时,可采用稀释的方法消除干扰。　　　　　　　　　(　　)

12.石墨炉原子吸收分光光度法测定烟道气中的硒含量时,加入硝酸铜,可以减少干燥和灰化时硒的挥发损失。　　　　　　　　　　　　　　　　　　　　　　　(　　)

13.石墨炉原子吸收分光光度法测定环境空气中的镉含量时,可用氘灯扣除背景消除干扰。　　　　　　　　　　　　　　　　　　　　　　　　　　　　　　　(　　)

14.石墨炉原子吸收分光光度法测定污染源中的锡含量时,若 Mg^{2+} 的浓度高于500mg/L,会对结果有干扰。　　　　　　　　　　　　　　　　　　　　　(　　)

三、简答题

1.大气污染物的分类有哪些?

2.大气采样的方法有哪些?

3.盐酸副玫瑰苯胺分光光度法测定二氧化硫的原理是什么?

4.盐酸萘乙二铵比色法测定 NO_2 的原理是什么?

5.测定二氧化碳都有哪些方法?

6.什么是 $PM_{2.5}$、PM_{10}、TSP?

7.$PM_{2.5}$ 的测定方法有哪些?

8.甲醛对人体的危害有哪些?

9.甲醛有哪些测定方法?

学习笔记

项目三

土壤污染监测

学习目标

知识目标

1. 了解土壤污染的特点和类型；
2. 掌握土壤样品的采集方法；
3. 掌握土壤样品的预处理方法；
4. 掌握土壤污染物的监测方法。

能力目标

1. 能够安全准确地进行土壤样品现场采样；
2. 能采用适当的方法对土壤样品进行处理分析；
3. 能正确处理实验数据并完成环境监测报告；
4. 能熟练使用环境监测岗位常用仪器。

素质目标

1. 具有较强的责任意识和一丝不苟的工作态度；
2. 具有团队意识和相互协作精神；
3. 具有一定的语言表达能力、沟通能力、人际交往能力；
4. 具有事故保护和工作安全意识；
5. 建立实事求是的科学态度。

情境导入

　　土壤是人类生存、兴国安邦的战略资源。随着工业化、城市化、农业集约化的快速发展，大量未经处理的废弃物向土壤系统转移，并在自然因素的作用下汇集、残留于土壤环境中。污染物质的种类主要有重金属、硝酸盐、农药及持久性有机污染物、放射性核素、病原菌、病毒及异型生物质等。按污染物性质，可将污染分为无机污染、有机污染及生物污染三大类型。根据环境中污染物的存在状态，可将污染分为单一污染、复合污染及混合污染等。依污染物来源，可将污染分为农业物资（化肥、农药、农膜等）污染、工企三废（废水、废渣、废气）污染型及城市生活废物（污水、固废、烟/尾气等）污染型。按污染场地（所），又可分为农田、矿区、工业区、老城区及填埋区等污染地区。可见，我国土壤污染退化已表现出多源、复合、量大、面广、持久、毒害的现代环境污染特征，正从常量污染物转向微量持久性毒害污染物，尤其在经济快速发展地区。我国土壤污染退化的总体现状已从局部蔓延到区域，从城市城郊延伸到乡村，从单一污染扩展到复合污染，从有毒有害污染发展至有毒有害污染与N、P营养污染的交叉，形成点源与面源污染共存，生活污染、农业污染和工业污染叠加，各种新旧污染与二次污染相互复合或混合的态势。

引领任务	拓展任务
任务一　土壤中有机氯农药含量的测定	任务二　土壤中镉含量的测定

【导论】　　　　　土壤监测概述

土壤是环境的重要组成部分，是人类生存的基础和活动的场所。防止土壤污染，及时进行土壤污染监测是环境监测中的重要内容。

一、土壤污染

1.土壤组成

土壤是覆盖于地球表面岩石圈上面薄薄的一层特殊的物质。它是由地球表面的岩石在自然条件下经过长时期的风化作用而形成的，土壤的组成十分复杂。

① 从相态分类土壤分为固态、液态和气态。土壤固相包括土壤矿物质和土壤有机质，土壤矿物质占土壤的绝大部分，约占土壤固体总质量的90%以上。土壤有机质约占固体总质量的1%～10%，一般在可耕性土壤中约占5%，且绝大部分在土壤表层。土壤液相是指土壤中水分及其水溶物。土壤中有无数孔隙充满空气，即土壤气相，典型土壤约有35%的体积是充满空气的孔隙。所以土壤具有疏松的结构。

② 从土壤的化学组成上看，土壤中含有的常量元素有碳、氢、硅、氮、硫、磷、钾、铝、钙、镁等；含有的微量元素有硼、铜、锰、钼、铁、锌等。

③ 从环境污染角度看，土壤又是藏纳污垢的场所，常含有各种生物的残体、排泄物、腐烂物以及来自大气、水及固体废物中的各种污染物、农药、肥料残留物等。

2.土壤污染源

土壤污染是指人类活动所产生的污染物质通过各种途径进入土壤，其数量超过了土壤的容纳和同化能力，而使土壤的性质、组成及性状等发生变化，并导致土壤的自然功能失调，土壤质量恶化的现象。土壤污染的明显标志是土壤生产能力的降低，即农产品的产量和质量的下降。土壤污染源同水、大气一样，可分为天然污染源和人为污染源两大类。天然污染源（自然污染源）包括因自然矿床中某些元素和化合物的富集超出了一般土壤含量时造成的地区性土壤污染，因某些气象因素造成的土壤淹没、冲刷流失、风蚀，因地震造成的"冒沙、冒黑水"，因火山爆发的岩浆和降落的火山灰等，都可不同程度地污染土壤。人们所研究的土壤污染主要是由人类活动所造成的污染,其主要来自工业(城市)污水灌溉和固体废物(工业废物和城市垃圾)、农药和化肥、牲畜排泄物(寄生虫、病原体和病毒)以及大气沉降物(SO_2、NO_x、核试验和颗粒物)等。

3. 土壤污染物

凡是进入土壤并影响到土壤的理化性质和组成,导致土壤的自然功能失调、土壤质量恶化的物质,统称为土壤污染物。土壤污染物的种类繁多,按污染物的性质一般可分为有机污染物、重金属、放射性元素和病原微生物四类。

土壤有机污染物主要是化学农药,主要包括有机磷农药、有机氯农药、氨基甲酸酯类、苯氧羧酸类、苯酰胺类等。还包括石油、多环芳烃、多氯联苯、甲烷等。

重金属主要有 Hg、Cd、Cu、Zn、Cr、Pb、As、Ni、Co、Se 等。重金属不能被微生物分解,而且可为生物富集,依靠自然净化处理和人工治理非常困难。

放射性元素主要来源于大气层核试验的沉降物,以及原子能和平利用过程中所排放的各种废气、废水和废渣,放射性元素主要有 Sr、Cs、U 等。放射性物质污染难以自行消除,只能靠其自然衰变为稳定元素。放射性元素也可通过食物链进入人体。

土壤中的病原微生物主要包括病原菌和病毒,如肠细菌、寄生虫、霍乱弧菌、破伤风梭菌、结核杆菌等,主要来源于人畜的粪便及用于灌溉的污水(未经处理的生活污水,特别是医院污水)。

此外,某些非金属无机物如砷、氰化物、氟化物、硫化物等进入土壤后也能影响土壤的正常功能,降低农产品的产量和质量。

二、土壤污染的特点和类型

1. 土壤污染特点

(1)土壤污染比较隐蔽　土壤的污染不直观且人的感觉器官不易发现,其是通过农作物如粮食、蔬菜、水果受污染以及家畜、家禽等造成食物污染,再通过人食用后身体的健康情况来反映。从开始污染到后果出现,有一段很长的间接、逐步、积累的隐蔽过程。

(2)土壤被污染和破坏以后很难恢复　土壤的污染和净化过程需要相当长的时间,而且重金属的污染是不可逆的过程,土壤一旦被污染后很难恢复,有时只能被迫改变用途或放弃。

(3)污染后果严重　严重的污染通过食物链危害动物和人体,甚至使人畜失去赖以生存的基础。

(4)土壤污染的判定比较复杂　国内外尚未制定出类似于水污染和大气污染的判定标准。这是由于土壤中污染物质的含量与农作物生长发育之间的因果关系十分复杂,有时污染物质的含量超过土壤背景值很高,并未影响植物的正常生长;有时植物生长已受影响,但植物内未见污染物的积累。

2. 土壤污染类型

(1)水体污染型　土壤污染源是受污染的地表水体(工业废水和城市污水),被污染的水体所含的污染物十分复杂,必须追溯调查水体污染源。污染物质大多以污水灌溉的形式从地面进入土壤,一般集中于土壤表层。但随着污水灌溉时间的延长,某些污染物质可能由上部向下部扩散和迁移,一直到达地下。这是土壤污染最重要的发生类型。它的特点是沿河流或干渠呈树枝状或片状分布。

(2)大气污染型　土壤污染物质来自被污染的大气。其特点是以大气污染为中心呈椭圆状或条状分布，长轴沿主风向伸长。其污染面积和扩散距离取决于污染物质的性质、排放量及形式。如西欧和中欧工业区采用高烟囱排放，二氧化碳、二氧化硫等酸性物质可扩散到北欧，使北欧地区土壤酸化，除酸性物质外，大气污染物主要是重金属及放射性元素。大气污染土壤的污染物质主要集中于土壤表层0～5cm的位置。

（3）农业污染型　污染物质主要来自城市垃圾、厩肥、污泥、化肥、农药等。污染物的种类和污染程度的轻重与土壤的作用方式和耕作制度有关。其主要污染物是农药和重金属，污染物质主要集中于土壤表层耕作层0～21cm，它的分布比较广泛。

（4）生物污染型　由于污水灌溉，城市污水（尤其是医院污水）、使用垃圾和厩肥等，使土壤受生物污染，成为某些病菌的发源地。

（5）固体废物污染型　土壤表面堆放或处理固体废物和废渣，通过大气扩散或降雨淋滤，使周围地区的土壤受到污染。

练习题

1. 调查自己附近土壤污染源有哪些？并分析出各污染源中含有的污染物，根据污染物说明对土壤可能产生的主要危害。
2. 土壤污染有何特点？
3. 简述土壤污染对人体的影响和危害。

学习笔记

任务一 土壤中有机氯农药含量的测定

任务目标

1. 了解仪器的工作条件，学会标准溶液的配制。
2. 掌握色谱法分析原理和测定方法。

【任务引领】

一、原理

采用碱溶液破坏有机氯农药的结构，并采用水蒸气蒸馏-液液萃取的方式（必要时硫酸净化），再用带电子捕获检测器的气相色谱仪进行气相色谱法测定。

二、仪器和试剂

（1）水蒸气蒸馏-液液萃取装置

（2）带电子捕获检测器的气相色谱仪

（3）电加热套

（4）调压变压器

（5）正己烷（或石油醚）　采用全玻璃蒸馏器蒸馏，收集 68～70℃馏分，色谱进样应无干扰峰，如馏分不纯，再次蒸馏或用中性三氧化二铝纯化。

（6）硫酸（ρ_{20}=1.42g/mL）　优级纯。

（7）氢氧化钾　优级纯。

（8）无水硫酸钠　取 100g 加入 50mL 正己烷，振摇过滤，风干，置 150℃烘 15h。

（9）脱脂棉　用丙酮处理后备用。

（10）有机氯农药标准溶液　P,P'-DDE，配成浓度为 1.00ppm，其他有机氯农药配成适宜浓度。

（11）多氯联苯（PCB）标准溶液　将三氯联苯（PCB$_3$），配成 5mg/mL 贮备液，或用浓度为 PCB$_3$ 正己烷标准溶液（2×10^{-8}），稀释成不同浓度标准溶液。

（12）色谱条件　固定相为 5%SE-30/Chromosorb W AWD MCS，80-100 目；色谱柱长 2m，内径 3mm 玻璃柱；柱温 195℃；气化温度 250℃；监测温度 240℃；载气是高纯氧气，流速为 70mL/min。

三、操作步骤

（1）碱解与蒸馏　准确称取 10～40g 风干土样（同时另称一份 20g 左右土样，于 60℃烘干 24h，测其水分含量），放入 10mL 圆底烧瓶中，加入 250mL 浓度为 1mol/L 的氢氧化钾溶液，加少量沸石，加热回流 1h（用加热套加热，调节变压器控制温度）。

杂质多时，需要用硫酸净化，即加入与正己烷等体积的硫酸，振摇 1min，静置分层后，弃去硫酸层。净化次数视提取液中杂质多少而定，一般 1～3 次。然后加入与正己烷等体积的 0.1mol/L 氢氧化钾溶液，振摇 1min，静置分层后弃去下部水层。

（2）定量测定　将 PCB 标准溶液稀释为不同浓度，定量进样以确定电子捕获检测器的线性范围。试样进样时，定量进样所得峰高（应在线性范围内）与相近浓度标准溶液的峰高比较，求出试样含量。

四、数据处理

$$有机氯农药含量（mg/kg）= \frac{c_{标} \times V_{标} \times h_{样} \times V}{h_{标} \times V_{样} \times m}$$

式中　$c_{标}$ ——标准溶液浓度，μg/mL；

$V_{标}$ ——标准溶液色谱进样体积，μL；

$h_{样}$ ——试样萃取液峰高，mm；

V ——萃取液浓缩后的体积，mL；

$h_{标}$ ——标准溶液峰高，mm；

$V_{标}$ ——试样萃取液色谱进样体积，μL；

m ——样品质量，g（换算成 60℃下的烘干质量计算）。

✏️ **学习笔记**

班级：	姓名：	学号：	成绩：
任务名称：土壤中有机氯农药含量的测定			日期：

一、任务要求

1. 了解仪器的工作条件，学会标准溶液的配制。
2. 掌握色谱法分析原理和测定方法。

二、思考题

1. 土壤采样方法有哪些？

2. 土壤样品的制备和预处理方法有哪些？

三、基本原理

四、仪器药品

1. 所用仪器

2. 所用药品

续表

五、数据记录表格

六、注意事项

1. 杂质多时，需要用硫酸净化，即加入与正己烷等体积的硫酸，振摇 1min，静置分层后，弃去硫酸层。净化次数视提取液中杂质多少而定，一般 1~3 次。然后加入与正己烷等体积的 0.1mol/L 氢氧化钾溶液，振摇 1min，静置分层后弃去下部水层。

2. 将 PCB 标准溶液稀释为不同浓度，定量进样以确定电子捕获检测器的线性范围。

七、预习中出现的问题

【知识链接】　　土壤样品的采集、制备和处理

一、土壤样品的采集

1. 受污染土壤样品的采集

（1）收集资料、调查研究　土壤是由固、液、气三相组成的，其主体是固体。污染物进入土壤后的流动、迁移、混合都比较困难，因而污染土壤的程度更加不均匀。实践表明，土壤污染监测中采样误差往往超过分析误差对结果的影响。

土壤污染采集地点、层次、方法、数量和时间等依据监测的目的决定。采样前要对监测地区进行调查研究、调查评价区域的自然条件（包括地质、地貌、植被、水文、气候条件等）、土壤性状（包括土壤类型、剖面特征、分布及物理化学特征等）、农业生产情况（包括土地利用状况、农作物生长情况与产量、耕作制度、水利情况、肥料和农药的施用等）以及污染历史与现状（通过水、气、农药、肥料等途径及矿床的影响）。在调查研究的基础上根据需要和可能布设采样点，以代表一定面积的地区或地段，并挑选一定面积的非污染区作分析对照。每个采样点是一个采样分析单位，它必须能够代表被监测的一定面积地区或地段的土壤。由于土壤本身在空间分布上具有一定的不均匀性，所以应多点采样并均匀混合成为具有代表性的土壤样品。在同一采样分析单位里，区域面积在 $1000 \sim 1500 \mathrm{m}^2$ 以内的，可在不同方位上选择 $5 \sim 10$ 个具有代表性的采样点。采样点的分布应尽量顾及土壤的整体情况，不可分布太集中。总之，采样布点的原则要有代表性和对照性。

（2）采样点布设　根据土壤自然条件、类型及污染情况的不同，常用的布点采样方法有如下几种，如图 3-1 所示。

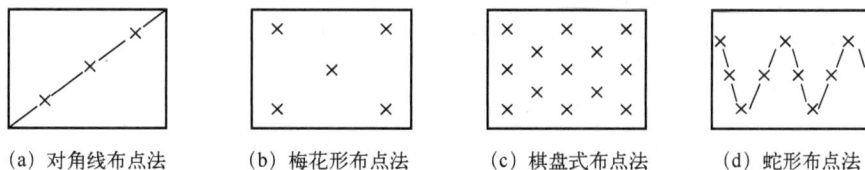

(a) 对角线布点法　　(b) 梅花形布点法　　(c) 棋盘式布点法　　(d) 蛇形布点法

图 3-1　采样布点方法 X-采样点

① 对角线布点法。如图 3-1（a）所示，该法适用于面积小、地势平坦的污水灌溉或受到污染的水灌溉的田块。布点方法是由田块进水口向对角引一斜线，将此对角线三等分，以每等分的中央点作为采样点。每一田块虽只有三个点，但可根据调查监测的目的、田块面积的大小和地形等条件作适当的变动。

② 梅花形布点法。如图 3-1（b）所示，该法适用于面积较小、地势平坦，土壤分布较均匀的田块，中心点设在两对角线相交处，一般设 $5 \sim 10$ 个采样点。

③ 棋盘式布点法。如图 3-1（c）所示，该法适用于中等面积，地势平坦，地形完整开阔，但土壤分布较不均匀的田块，一般采样点在 10 个以上。此法也适用受固体废物污染的土壤，因固体废物分布不均匀，采样点需设 20 个以上。

④ 蛇形布点法。如图 3-1（d）所示，该法适用于面积较大，地势不太平坦，土壤不够均匀的田块。采样点数目较多。

为全面客观评价土壤污染情况，在布点的同时，要与土壤生长作物监测同步进行布点、

采样、监测，以利于对比和分析。

（3）采样深度　如果只是简单了解土壤污染情况，采样深度只需取由地面垂直向下15cm左右的耕层土壤或由地面垂直向下在15～20cm范围内的土样。如果要了解土壤污染深度，则应按土壤剖面层分层取样，如图3-2所示。土壤剖面指地面向下的垂直土体的切面，其采样次序是由下而上逐层采集，然后集中混合均匀。这种采样方法用于重金属项目分析的土样，应将和金属采样器接触部分弃去。

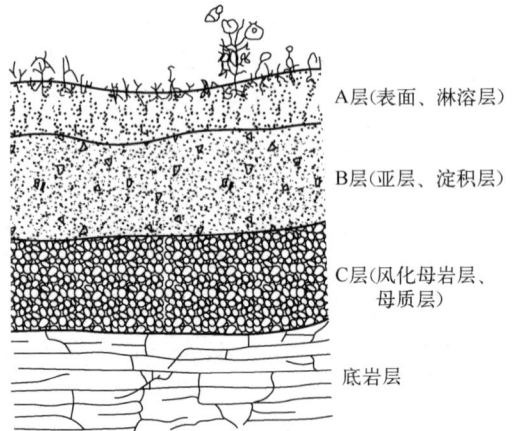

图3-2　土壤剖面示意

（4）采样时间　采样时间应根据监测的目的和污染特点而定。为了解土壤污染状况，可随时采集土样进行测定。如果测定土壤的物理、化学性质，可不考虑季节的变化；如果调查土壤对植物生长的影响，应在植物的不同生长期和收获期同时采集土壤和植物样品；如果调查气型污染，应至少每年取样一次；如果调查水型污染，可在灌溉前和灌溉后分别取样测定；如果调查农药污染，可在用药前及植物生长的不同阶段或者作物收获期与植物样品同时采样测定。

（5）采样方法　采样前应根据调查目的和内容准备好必要的采样工具和器材。如土壤钻、土壤铲、平板铁锹、不锈钢刀、磨口玻璃瓶、防雨布袋、塑料袋、镊子、竹夹子、有机玻璃棒、广口瓶等。

① 采样筒取样。采样筒取样适合表层土样的采集。将长10cm，直径8cm的金属或塑料采样器的采样筒直接压入土层内，然后用铲子将其铲出，清除采样筒口多余的土壤，采样筒内的土壤即为所取样品。图3-3所示为采样筒采样过程示意。

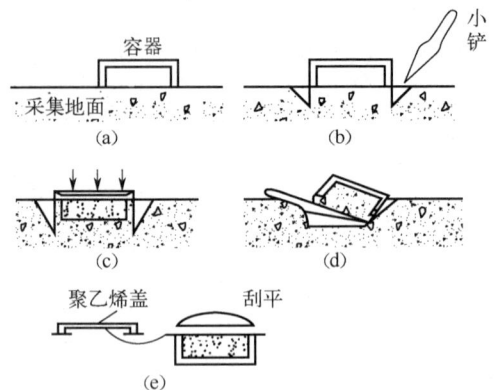

图3-3　采样筒采集土样的过程

② 土钻取样。土钻取样是用土钻钻至所需深度后，将其提出，用挖土勺挖出土样。

③ 挖坑取样。挖坑取样适用于采集分层的土样。先用铁铲挖一截面为1.5m×1m、深1.0m的坑，将一面坑壁平整，并用干净的取样小刀或小铲刮去坑壁表面1～5cm的土，然后在所需层次内采样0.5～1kg土样装入容器内。

④ 土壤气体取样。在土壤中存在多种有害污染气体如CH_4、NH_3、H_2S、PH_3等。一种专用的土壤气体采样器如图3-4（a）所示。使用这种采样器，应预知地下气体密集点在何处，方能选准采样点，其适用于石油、天然气等地下管路泄漏的事故性监测。另一种气体采样装置及其使用方法如图3-4（b）所示。在20～30cm土壤深处埋设如图所示的内装吸附剂采样器。在经历2～3周采样后取出，将各种气体分别加热到各自的居里点，气体脱附后，即可进入分析仪器进行分析。

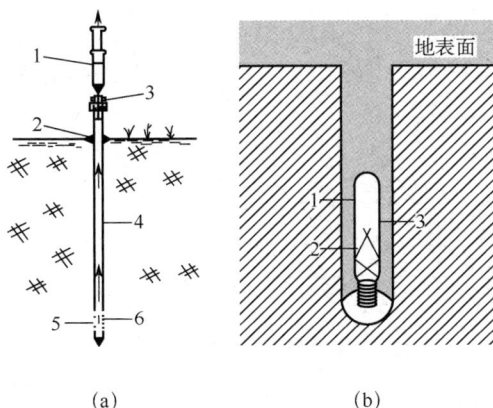

图 3-4 土壤中气体采样器

1—Synder 分馏柱；2—接管；3—三角烧瓶；4—受热管；5—冷凝管；6—抽滤瓶

（6）采样量　由于测定所需的土样是多点混合而成的，取样量往往较大，而实际供分析的土样不需要太多。具体需要量视分析项目而定，一般要求 1kg。因此，对多点采集的土壤，可反复按四分法缩分，最后留下所需的土样量，装入布袋或塑料袋中，贴上标签，做好记录。

注意采样点不能选在田边、沟边、路边或肥堆旁。经过四分法后剩下的土样应装入布口袋或塑料袋中，写好两张标签，一张在袋内，一张扎在袋口上，标签上记载采样地点、深度、日期及采集人等。同时把有关该采样点的详细情况另做记录。

2. 土壤背景值样品的采集

土壤背景值又称土壤本底值。它代表一定环境单元中的一个统计量的特征值。在环境科学领域中，土壤背景值是指在未受或少受人类活动影响下，尚未受或少受污染和破坏的土壤中元素的含量。土壤中有害元素自然背景值是环境保护和土地开发利用的基础资料，是环境质量评价的重要依据。当今，由于人类活动的长期积累和现代工农业的高速发展，自然环境的化学成分和含量水平发生了明显的变化，要想寻找一个绝对未受污染的土壤环境是十分困难的，因此土壤环境背景值实际上是一个相对概念。

（1）采样点布设　采集这类土壤样品时，采样点的选择必须能反映开发建设项目所在区域土壤及环境条件的实际情况，必须能代表区域土壤总的特征且远离污染源。

① 采集土壤背景值样品时，应先确定采样单元。采样单元划分应根据研究目的、研究范围及实际工作所具有的条件等综合因素确定。我国采样单元以土类和成土母质类型为主要依据进行划分，因不同类型的土类母质中元素种类和含量相差较大。

② 不在水土流失严重或表土被破坏处设置采样点。采样点远离铁路、公路至少 300m。

③ 选择土壤类型特征明显的地点挖掘土壤剖面，要求剖面发育完整、层次清楚且无侵入体。

④ 在耕地上采样，应了解作物种植及农药使用情况，选择不施或少施农药、肥料的地块作为采样单元，以尽量减少人为活动的影响。

（2）采样方法　与污染土壤采样不同的是，同一样点并不强调采集多点混合样，而是选取植物发育典型、代表性强的土壤采样。每个采样点均需挖掘土壤剖面进行采样，剖面规格一般为长 1.5m、宽 0.8m、深 1.5m，每个剖面采集 A、B、C 三层土样。过渡层（AB、BC）一般不采样（如图 3-5 和图 3-6 所示）。现场记录实际采样深度，如 0～20cm、50～60cm、

$100\sim115cm$。在各层次典型中心部位自下而上采样,切忌混淆层次、混合采样。对于植物发育完好的典型土壤,尤其应按层分别采样,以研究各元素在土壤中的分布。

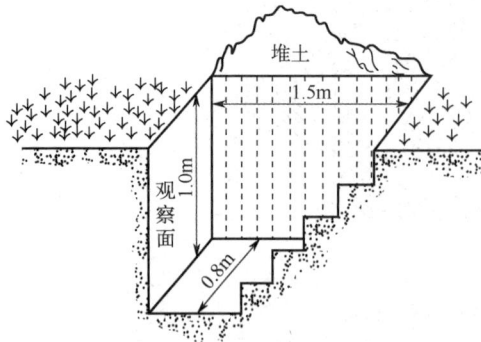

图 3-5　土壤剖面挖掘示意

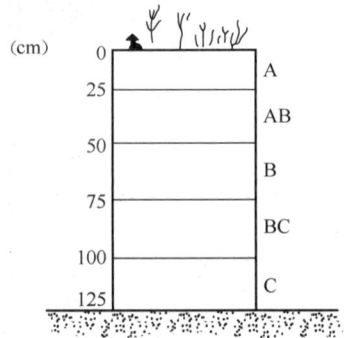

图 3-6　土壤剖面 A、B、C 层示意

（3）采样点数目　通常采样点的数目与所研究地区范围的大小、研究任务所设定的精密度等因素有关。为使布点更趋合理,采样点数依据统计学原则确定,即在所选定的置信水平下,与所测项目测量值的标准差、要求达到的精密度有关。每个采样单元采样点位数可按下式计算。

$$n = \frac{t^2 s^2}{d^2}$$

式中　n ——每个采样单元中所设最少采样点个数;

　　　t ——置信因子（置信水平 95%,t 取值 1.96）;

　　　s ——样本相对标准差;

　　　d ——允许偏差（若抽样精度不低于 80%时,d 取值 0.2）。

通常一般类型土壤应有 3～5 个采样点,以便检验本底值的可靠性。土壤本底值采样要特别注意成土母质的作用,因为不同土壤母质常使土壤的组成和含量有很大的差异。

二、土壤样品的制备

1. 土样的风干

除了测定游离挥发酚、硫化物等不稳定组分需要新鲜土样外,多数项目的样品需经风干后才能进行测定,这是因为风干后的样品容易混合均匀,分析结果的重复性、准确性都比较好。从野外采集的土壤样品运到实验室后,为避免受微生物的作用引起发霉变质,应立即将全部样品倒在洗刷干净、干燥的塑料薄膜上或瓷盘内进行自然风干。当达到半干状态时用有机玻璃棒把土块压碎,剔除碎石和动植物残体等杂质后铺成薄层,在室温下经常翻动,充分风干。要防止阳光直射和尘埃落入。

2. 磨碎与过筛

风干后的土样,用有机玻璃棒或木棒碾碎后,过 2mm 孔径尼龙筛,除去筛上的砂砾和植物残体。筛下样品反复按四分法（如图 3-7 所示）缩分,留下足够供分析用的数量,再用玛瑙研钵磨细,全部通过 100 目尼龙筛。过筛后的样品充分搅拌均匀,然后放入预先清洗、烘干并冷却后的小磨口玻璃瓶中以备分析用。制备样品时,必须避免样品受污染。

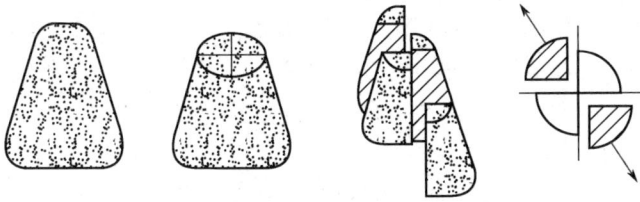

图 3-7 四分法

3. 土样的保存

将风干土样样品或标准土样样品等储存于洁净玻璃瓶或聚乙烯容器内。在常温、阴凉、干燥、避光、密封（石蜡涂封）条件下保存 30 个月是可行的。

三、土壤样品预处理

土壤样品的组成是很复杂的，其存在形态往往不符合分析测定的要求，所以在样品分析之前，根据分析项目的不同，首先要对样品进行适当的预处理，以使被测组分适于测定方法要求的形态、浓度，并消除共存组分的干扰。常用的预处理方法有湿法消化、干法灰化、溶剂提取和碱熔法。

分析土壤样品中的痕量无机物时，通常将其所含的大量有机物加以破坏，溶解悬浮性固体，将各种价态的测定元素氧化成高一价态或转变成易于分离的无机化合物，然后进行测定。这样可以排除有机物的干扰，提高检测精度。破坏有机物的方法有湿法消化和干法灰化两种。

1. 湿法消化

湿法消化又称湿法氧化。它是将土壤样品与一种或两种以上的强酸（如硫酸、硝酸、高氯酸等）共同加热浓缩至一定体积，使有机物分解成二氧化碳和水除去。为了加快氧化速度，可加入过氧化氢、高锰酸钾、过硫酸钾和五氧化二钒等氧化剂和催化剂。

2. 干法灰化

干法灰化又称燃烧法或高温分解法。根据待测组分的性质，选用铂、石英、银、镍或瓷坩埚盛放样品，将其置于高温电炉中加热，控制温度 450～550℃，灼烧到残渣呈灰白色，使有机物完全分解，取出坩埚，冷却，用适量 2%硝酸或盐酸溶解样品灰分，过滤，滤液定容备用。对于易挥发的元素，如汞、砷等，为避免高温灰化造成待测组分损失，可用氧瓶燃烧法进行灰化。此法是将样品包在无灰滤纸中，滤纸包钩在磨口塞的铂丝上，如图 3-8 所示。瓶中预先充入氧气和吸收液，将滤纸引燃后，迅速盖紧瓶塞，让其燃烧灰化，摇动瓶子让燃烧产物溶解于吸收液中，溶液供分析用。

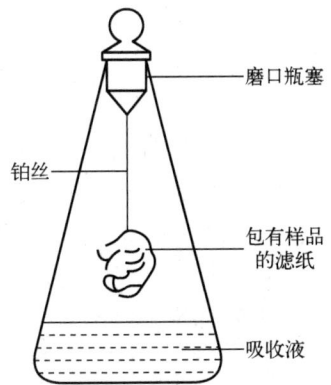

图 3-8 氧瓶燃烧法示意

3. 溶剂提取

分析土壤样品中的有机氯农药、有机磷农药和其他有机污染物时，由于这些污染物质的含量多数是微量的，如果要得到正确的分析结果，就必须在两方面采取措施：一方面是尽量使用灵敏度较高的先进仪器及分析方法；另一方面是利用较简单的仪器设备，对环境分析样品进行浓缩、富集和分离，常用的方法是溶剂提取法，即用溶剂将待测组分从土壤样品中提取出来，提取液供分析用。

（1）振荡浸取法　将一定量经制备的土壤样品置于容器中，加入适当的溶剂，放置在振荡器上振荡一定时间，过滤，用溶剂淋洗样品，或再提取一次，合并提取液。此法用于土壤中酚类、油类等的提取。

（2）索式提取法　索式提取器（如图 3-9 所示）是提取有机物的有效仪器，它主要用于提取土壤样品中苯并[a]芘、有机氯农药、有机磷农药和油类等。将经过制备的土壤样品放入滤纸筒中或用滤纸包紧，置于回流提取器内。蒸发瓶中盛装适当有机溶剂，仪器组装好后，在水浴上加热。此时，溶剂蒸气经支管进入冷凝器内，凝结的溶剂滴入回流提取器，对样品进行浸泡提取，当溶剂液面达到虹吸管顶部时，含提取液的溶剂回流入蒸发瓶中，如此反复进行直到提取结束。选取的溶剂应根据分析对象确定。例如极性小的有机氯农药采用极性小的溶剂（如己烷、石油醚）；对极性强的有机磷农药和含氧除草剂用极性强的溶剂（如二氯甲烷、三氯甲烷）。该法因样品都与纯溶剂接触，所以提取效果好，但较费时。

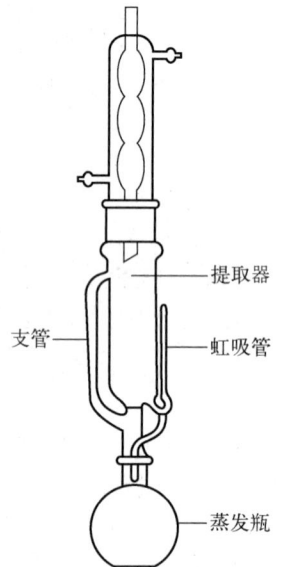

图 3-9　索式提取器

（3）柱层析法　一般是当被分析样品的提取液通过装有吸附剂的吸附柱时，相应被分析的组分吸附在固体吸附剂的活性表面上，然后用合适的溶剂淋洗出来，达到浓缩、分离、净化的目的。常用的吸附剂有活性炭、硅胶、硅藻土等。

4. 碱熔法

碱熔法常用氢氧化钠和碳酸钠作为碱熔剂与土壤试样在高温下熔融，然后加水溶解，一般用于土壤中氟化物的测定。该法添加了大量可溶性的碱熔剂，易引进污染物质，另外有些重金属如 Cd、Cr 等在高温熔融时易损失。

练习题

1. 简述采样布点方法有哪些。
2. 土壤采样方法有哪些？
3. 土壤样品的制备和预处理方法有哪些？
4. 简述氧瓶燃烧法的操作。
5. 索式提取法的原理和操作是什么？

任务二　土壤中镉含量的测定

任务目标

1. 了解仪器的工作条件，学会镉标准溶液的配制。
2. 掌握 ICP-OES 的原理和测定方法。

【任务引领】

一、原理

土壤经酸消解后，进入等离子体发射光谱仪的雾化器中被雾化，由氩载气带入等离子体火炬中，目标元素在等离子体火炬中被气化、电离、激发并辐射出特征谱线。特征光谱的强度与试样中待测元素的含量在一定范围内成正比。

土壤样品消化液中成分比较复杂，原子吸收分光光度法灵敏度高，选择性好，操作简单快速。对于易产生背景吸收的样品一般采取氘灯或塞曼效应扣除背景，可有效地消除干扰。火焰原子吸收分光光度法的检出下限远低于消化液中镉的最高允许浓度。因此，消化液一般可直接喷入空气-乙炔焰中进行测定。

二、仪器和试剂

（1）电感耦合等离子体发射光谱仪（ICP-OES）

（2）镉标准储备液（1000mg/L）　准确称取 0.5000g 高纯度或光谱纯金属镉粉于 100mL 烧杯中，加入 25mL（1+5）的硝酸溶液微热溶解，待溶液冷却后转移到 500mL 容量瓶中，用去离子水稀释并定容。

（3）镉标准操作液（5mg/L）　分别吸取 10.00mL 镉标准贮备液于 100mL 容量瓶中，用去离子水稀释至标线，摇匀备用。吸取 5.00mL 稀释后的标准液于另一 100mL 容量瓶中，用去离子水稀释至标线即得含 5mg/L 镉的标准操作液。

（4）优级纯试剂　浓盐酸（ρ=1.19g/mL）；浓硝酸（ρ=1.42g/mL）；氢氟酸（ρ=1.13g/mL）；高氯酸（ρ=1.68g/mL）。

三、操作步骤

（1）土样试液的制备　准确称取 0.5000～1.0000g 土样于 25mL 聚四氟乙烯坩埚中，用少许去离子水润湿，加入 10mL 浓盐酸，在电热板上加热消化 2h，然后加入 15mL 浓硝酸，继续加热至溶解物剩余约 5mL 时，再加入 5mL 氢氟酸并加热分解除去硅化合物，最后加入 5mL 高氯酸，加热（<200℃）至消解物呈淡黄色时，打开瓶盖，蒸至近干。取下冷却，加入

（1+5）硝酸 1mL 微热溶解残渣，移入 50mL 容量瓶中，用去离子水定容。同时进行全程序空白试剂实验。

（2）标准曲线法

① 标准曲线的绘制。依次配制 0，0.20，0.40，0.60，0.80，1.00mg/L 的一系列待测元素的标准溶液。将标准溶液由低浓度到高浓度依次导入电感耦合等离子体发射光谱仪，按照仪器参考测量条件测量发射强度。以目标元素系列质量浓度为横坐标，发射强度值为纵坐标，建立目标元素的校准曲线。

② 土样试液的测定。分析前，用硝酸溶液冲洗系统直到空白强度值降至最低，待分析信号稳定后，在与建立校准曲线相同的条件下分析试样。试样测定过程中，若待测元素浓度超出校准曲线范围，试样须稀释后重新测定。

③ 空白试样的测定。按照与试样测定相同的操作步骤测定空白试样。

四、数据处理

$$Cd\ 含量（mg/kg）= \frac{c_1 V}{m}$$

式中　c_1 ——从标准曲线上查得的镉质量浓度，mg/L；

　　　m ——称量土样质量，g；

　　　V ——土样试液的总体积，mL。

五、注意事项

1. 标准曲线法适用于组成简单的试样，标准加入法适用于组成复杂且配制标准操作液困难的试样。

2. 土样消化过程中，最后除 $HClO_4$ 时必须防止将溶液蒸干，不慎蒸干时，若加入 Fe、Al 盐可能形成难溶的氧化物而包藏镉，使结果偏低。注意无水 $HClO_4$ 会爆炸。

3. 土壤用高氯酸消化并蒸至近干后，土样仍为灰色，说明有机物还未消化完全，应再加 3mL $HClO_4$ 重新消化至淡黄色为止。

4. 高氯酸的纯度对空白值的影响很大，直接关系测定结果的准确度，因此必须注意全过程空白值的扣除，并尽量减少加入量以降低空白值。

📝 学习笔记

班级:	姓名:	学号:	成绩:

任务名称：**土壤中镉含量的测定** 日期：

一、任务要求

1. 了解仪器的工作条件，学会镉标准溶液的配制。
2. 掌握 ICP-OES 的原理和测定方法。

二、思考题

镉等重金属对人体和生物的危害都有哪些？

三、基本原理

四、仪器药品

1. 所用仪器

2. 所用药品

五、数据记录表格

六、注意事项

1. 标准曲线法适用于组成简单的试样，标准加入法适用于组成复杂且配制标准操作液困难的试样。

2. 土样消化过程中，最后除 $HClO_4$ 时必须防止将溶液蒸干，不慎蒸干时，若加入 Fe、Al 盐可能形成难溶的氧化物而包藏镉，使结果偏低。注意无水 $HClO_4$ 会爆炸。

3. 土壤用高氯酸消化并蒸至近干后土样仍为灰色，说明有机物还未消化完全，应再加 3mL $HClO_4$ 重新消化至淡黄色为止。

七、预习中出现的问题

【知识链接】 土壤污染物监测

一、土壤监测目的

环境是个整体，污染物进入哪一部分都会影响整个环境。因此，土壤监测必须与大气、水体和生物监测相结合才能全面客观地反映实际污染状况。土壤中优先监测物有以下两类：

① 汞、铅、镉、DDT 以及其代谢产物与分解产物，多氯联苯（PBC）；

② 石油产品、DDT 以外的长效有机氯、四氯化碳、醋酸衍生物、氯化脂肪族、砷、锌、硒、镍、锰、钒、有机磷化合物及其他活性物质（抗生素、激素、致畸性物质、催畸性物质和诱变物质）等。

土壤常规监测项目中，金属化合物有铜、铬、镉、汞、铅、锌；非金属化合物有砷、氰化物、氟化物、硫化物等；有机化合物有苯并[a]芘、三氯乙醛、油类、有机氯农药、有机磷农药等。

二、土壤监测方法

土壤污染监测所用方法与水质、大气监测方法类同。常用方法有：①称量法，适用于测定土壤水分；②滴定法，适用于浸出物中含量较高的成分测定，如 Ca^{2+}、Mg^{2+}、Cl^-、SO_4^{2-} 等；③分光光度法，适用于重金属如铜、镉、铬、铅、汞、锌等组分的测定；④气相色谱法，适用于有机氯、有机磷及有机汞等农药的测定。各类物质的溶解、测定方法及最低检出限如表 3-1 所示。

表 3-1 土壤中某些金属、非金属组分的溶解、测定方法及最低检出限

元素	溶解方法	测定方法	最低检出限/（µg/kg）
As	HNO_3-H_2SO_4 消化	比色法	0.5
Cd	HNO_3-HF-$HClO_4$ 消化	石墨炉原子吸收法	0.002
Cr	HNO_3-H_2SO_4-H_3PO_4 消化	比色法	0.25
Cr	HNO_3-HF-$HClO_4$ 消化	原子吸收法	2.5
Cu	HCl-HF-HNO_3-$HClO_4$ 消化	原子吸收法	1.0
Cu	HNO_3-HF-$HClO_4$ 消化	原子吸收法	1.0
Hg	H_2SO_4-$KMnO_4$ 消化	冷原子吸收法	0.007
Hg	HNO_3-H_2SO_4-V_2O_5 消化	冷原子吸收法	0.002
Mn	HNO_3-HF-$HClO_4$ 消化	原子吸收法	5.0
Pb	HCl-HF-HNO_3-$HClO_4$ 消化	原子吸收法	1.0
Pb	HNO_3-HF-$HClO_4$ 消化 Na_2CO_3	石墨炉原子吸收法	1.0
氟化物	Na_2O_2 熔融法	电极法	5.0
氰化物	$Zn(Ac)_2$-酒石酸蒸馏法	分光光度法	0.05
硫化物	盐酸蒸馏法	比色法	2.0
有机氯农药	石油醚-丙酮萃取法	气相色谱法	40
有机磷农药	三氯甲烷萃取法	气相色谱法	40

三、土壤监测实施

1. 土壤水分含量测定

水分含量是土壤污染监测中必测的项目。水分含量一般是指样品在105℃干燥后所损失的质量。但是蒸气压与水的蒸气压相近或较高的物质，采用加热法不能将其分离。因此，用105℃加热法所测的水分含量包括某些含氮化合物、有机化合物等。

测定时先将带盖铝盒或玻璃称量瓶在105℃烘至恒重，然后在已恒重的铝盒或称量瓶中放入20g左右的土壤试样称重，把盛有试样的铝盒或称量瓶放入恒温鼓风干燥箱中，盒盖或瓶盖半盖在铝盒或称量瓶的上面，在105℃下烘干4～8h，取出后在干燥器中冷却0.5h后称量，直至两次称量之差在±0.1g左右为止。

$$H_2O\ 含量 = \frac{m_1 - m_2}{m_1 - m}$$

式中　m ——铝盒（称量瓶）质量，g；

　　　m_1 ——铝盒（称量瓶）质量加试样烘干前质量，g；

　　　m_2 ——铝盒（称量瓶）质量加试样烘干后质量，g。

应注意加热温度不能过高，否则易引起其他易挥发物质的损失，使结果偏高。

2. 有机磷农药测定

本法首先对样品采用柱提取操作，再用石油醚-乙腈溶剂净化，最后用火焰光度检测器测定样品中有机磷如乐果、马拉硫磷、乙基对硫磷等。

测定时称取一定质量的样品于200mL烧杯中，加入40～50g无水硫酸钠，玻璃棒搅拌至样品干而疏松，将样品转移至底部填有少量脱脂棉和5g无水硫酸钠并盛有50mL二氯甲烷的提取柱中，用玻璃棒将样品轻轻压紧，尽量排出气泡，样品上部盖以1cm厚的无水硫酸钠。浸泡1h后缓慢旋开柱下端的活塞，使洗提速度约为3～5mL/min，当二氯甲烷液面与上部无水硫酸钠层接近时，再加二氯甲烷洗提，直到二氯甲烷洗提总量为400mL为止，收集全部洗提液于500mL磨口平底烧瓶中，置于55℃恒温水浴上用全玻璃蒸馏装置（或K-D浓缩器）浓缩至2～5mL，加入1mL甲苯，继续蒸发除去残留二氯甲烷。

用滴管将浓缩液自烧瓶内转入50mL具塞纳氏比色管中，再以5mL乙腈饱和的石油醚和5mL石油醚饱和的乙腈多次洗涤烧瓶。洗涤液转入比色管中，将比色管内溶液旋转充分混合1～2min，静置分层。用5mL滴管将乙腈层吸移至15mL的具塞离心管中，再以5mL石油醚饱和的乙腈按同样操作提取石油醚层一次。合并两次提取液，于60～65℃水浴上浓缩至5mL，供气相色谱分析用。

$$有机磷含量 = \frac{c_标 \times V_标 \times h_样 \times V}{h_标 \times V_样 \times m}$$

式中　$c_标$ ——标准溶液浓度，μg/mL；

　　　$V_标$ ——标准溶液色谱进样体积，μL；

　　　$h_样$ ——试样萃取液峰高，mm；

　　　V ——萃取液浓缩后的体积，mL；

　　　$h_标$ ——标准溶液峰高，mm；

　　　$V_样$ ——试样萃取液色谱进样体积，μL；

m——样品质量，g。

分析有机磷时，需在色谱柱老化后先注入高浓度的标液，除去载体表面活性作用点，才能正常出峰。标准曲线会随实验条件有所变化，因此每次测定样品时应同时测标准曲线。

3. 土壤中铜、锌、镉的测定——AAS 法

（1）标准储备液制备　制备各种重金属标准储备液推荐使用光谱纯试剂；用于溶解土壤的各种酸皆选用高纯或光谱纯级；稀释用水为蒸馏去离子水。使用浓度低于 0.1μg/mL 的标准溶液时，应于临用前配制或稀释。标准储备液在保存期间，若有浑浊或沉淀生成时需重新配制。某些主要元素标准储备液的配制方法见表 3-2。

表 3-2　主要元素标准储备液的制备方法

元素	物质	质量/g	制备方法
As	As_2O_3	1.3203	溶于少量 20%NaOH 溶液中，加 2mL 浓 H_2SO_4 用水定容至 1L
Cu	Cu	1.0000	在微热条件下，溶于 50mL（1+1）HNO_3 中，冷却后，用水定容至 1L
Cd	Cd	1.0000	溶于 50mL（1+1）HNO_3 中，冷却后，用水定容至 1L
Zn	Zn	1.0000	溶于 40mL（1+1）HCl 溶液中，用水定容至 1L
Hg	$Hg(NO_3)_2$	1.6631	用 0.05% $K_2Cr_2O_7$-5%HNO_3 固定液溶解，并用该固定液稀释至 1L
Pb	Pb	1.0000	溶于 50mL（1+1）HNO_3 中，冷却后，用水定容至 1L

（2）土样预处理　称取 0.5～1g 土样于聚四氟乙烯坩埚中，用少许水润湿，加入 HCl 在电热板上加热消化，加入 HNO_3 继续加热，再加入 HF 加热分解 SiO_2 及胶态硅酸盐。最后加入 $HClO_4$ 加热（小于 200℃）蒸至尽干。冷却，用稀 HNO_3 浸取残渣，定容。同时作全程空白试验。

（3）铜、锌、镉标准系列溶液的配制　标准操作溶液是通过逐次稀释标准储备液得到的。铜、锌、镉适宜测定的浓度范围是 0.2～10μg/mL。用原子吸收分光光度（AAS）法测定的工作参数见表 3-3。铜、锌、镉的含量测定如下：

$$铜、锌、镉含量 = \frac{m_1}{m}$$

式中　m_1——自标准曲线中查得的铜、锌、镉质量，μg；

m——称量土样的质量，g。

表 3-3　铜、锌、镉工作参数

工作参数	铜	锌	镉
适测浓度范围/（μg/mL）	0.2～10	0.05～2	0.02～2
灵敏度/（μg/mL）	0.1	0.02	0.025
检出限/（μg/mL）	0.01	0.005	0.002
波长/nm	324.7	219.3	228.8
空气-乙炔火焰条件	氧化型	氧化型	氧化型

4. 土壤中铬的测定——UV 法

称取土样 0.5～2g 于聚四氟乙烯坩埚中，加水润湿，加 HNO_3-H_2SO_4 消化，待剧烈反应

停止后，置于电热板上加热至冒白烟。冷却，加入 HNO_3、HF，继续加热至冒浓白烟除尽 HF，加水浸取，定容。同时进行全程序空白试剂试验。

在酸性介质中加入 $KMnO_4$ 将 Cr^{3+} 氧化为 Cr^{6+}，并用 NaN_3 除去过量 $KMnO_4$。加二苯碳酰二肼显色剂（DPC），于波长 540nm 处比色测定。铬含量的测定如下：

$$铬含量 = \frac{m_1}{m}$$

式中　　m_1——自标准曲线中查得的铬质量，μg；

　　　　m——称量土样的质量，g。

🖊 学习笔记

项目测试题

一、选择题

1. 为稀释某溶液而用到容量瓶，其正确操作程序可简述为（　　　）。

A. 试漏-洗涤-转移-定容-摇匀　　　　　　B. 试漏-洗涤-定容-转移-摇匀

C. 试漏-洗涤-转移-摇匀-定容　　　　　　D. 试漏-洗涤-定容-摇匀-转移

2. 对某试样进行多次测定，获得其中硫的平均含量为 3.25%，则其中某个测定值（如 3.15%）与平均值之差为该测定的（　　　）。

A. 绝对误差　　　　B. 相对误差　　　　C. 相对偏差　　　　D. 平均偏差

3. 在测定土壤中六氯环己烷含量的过程中，土样经石油醚提取后应用（　　　）净化。

A. 浓盐酸　　　　B. 浓硝酸　　　　C. 浓硫酸　　　　D. 高氯酸

4. 土壤样品溶解中，有时加入各种酸及混合酸，下述属于不正确的目的是（　　　）。

A. 破坏、除去土壤中的有机物　　　　B. 溶解固体物质

C. 将各种形态的金属变为同一种可测态　　　　D. 将土样碳化以方便提取被测物质

5. 滴定分析中，指示剂颜色发生突变时的转变点称为（　　　）。

A. 化学计量点　　　　B. 滴定分析点　　　　C. 滴定点　　　　D. 滴定终点

6. 分析结果一般需要报告数据的（　　　）。

A. 测定次数，平均值　　　　　　B. 平均偏差或标准偏差

C. A 与 B　　　　　　D. 精密度

7. 可见光区波长范围是（　　　）。

A. 400～760nm　　　　B. 400～780nm　　　　C. 200～600nm　　　　D. 200～760nm

8. 质量为 m 的物质 A，摩尔质量为 M，溶于水后移至容量瓶中，配成体积为 V 的溶液，则该溶液物质的量浓度为（　　　）。

A. M/mV　　　　B. m/MV　　　　C. mV/M　　　　D. MV/m

9. 下列（　　　）物质不能在烘箱中烘干。

A. Na_2CO_3　　　　B. 硼砂　　　　C. $H_2C_2O_4 \cdot 2H_2O$　　　　D. $K_2Cr_2O_7$

10. 对过滤后只要求烘干即可进行称量的沉淀，则可采用（　　　）。

A. 无灰滤纸　　　　B. 微孔玻璃坩埚　　　　C. 古氏坩埚　　　　D. 瓷坩埚

11. 国际上规定玻璃量器定量的标准温度是（　　　）。

A. 20℃　　　　B. 25℃　　　　C. （20±1）℃　　　　D. （25±1）℃

12. 在气相色谱中，定量的参数是（　　　）。

A. 保留时间　　　　B. 峰面积　　　　C. 半峰宽　　　　D. 峰高

13. 过滤 $Fe(OH)_3$ 沉淀时，应选用的滤纸是（　　　）。

A. 快速定量滤纸　　　　B. 中速定量滤纸　　　　C. 慢速定量滤纸　　　　D. 定性滤纸

14. 碱性高锰酸钾洗液适于洗涤（　　　）。

A. 不明沉淀物　　　　B. 普通玻璃器皿　　　　C. 氧化物残迹　　　　D. 油污玻璃器皿

15. 莫尔法测定 Cl^- 含量时，若酸度过高，则（　　　）。

A. AgCl 沉淀不完全　　　　　　B. Ag_2CrO_4 沉淀不易形成

C. 形成 Ag_2O 沉淀　　　　　　D. AgCl 沉淀吸附 Cl^- 的能力增强

16. 从有关电对的电极电位判断氧化还原反应进行方向的正确方法是（　　）。

A. 某电对的还原态可以还原电位比它低的另一电对的氧化态

B. 作为一种氧化剂，它可以氧化电位比它高的还原态

C. 某电对的氧化态可以氧化电位比它低的另一电对的还原态

D. 电对的电位越低，其氧化态的氧化能力越强

17. 色谱法作为分析方法的最大特点是（　　）。

A. 可进行定性分析　　　　　　　　　　　B. 可进行定量分析

C. 可分离混合物并分析之　　　　　　　　D. 只能作定量分析不能作定性分析

18. 二苯碳酰二肼分光光度法测定土壤中总铬含量时，加入尿素的目的是（　　）。

A. 还原过量的高锰酸钾　　　　　　　　　B. 将 Cr^{3+} 氧化成 Cr^{6+}

C. 分解过量的亚硝酸钠　　　　　　　　　D. 引入沉淀

19. 火焰原子吸收分光光度法测定土壤中铁含量时，若镍的浓度超过（　　）mg/L，其对测定值有干扰。

A. 10　　　　　　　B. 50　　　　　　　C. 100　　　　　　　D. 200

20. 用重铬酸盐法测定土壤中有机质时，用（　　）作催化剂。

A. 硫酸-硫酸银　　　B. 硝酸-硫酸汞　　　C. 硫酸-硫酸汞　　　D. 硫酸-氯化汞

二、判断题

1. 朗伯-比尔定律通常只适用于稀溶液。（　　）

2. 用气相色谱法测定土壤有机磷农药含量时，所采土样的预处理是先加水过滤再提取。（　　）

3. 土壤样品采集时，一般无须布设对照采样点。（　　）

4. 在土壤有机质测定过程中，消化液内存在的绿色物质是六价铬离子的颜色，而橙红色的物质则是三价铬所表现的颜色。（　　）

5. 第一类土壤环境质量执行一级标准。（　　）

6. 用直接法制备标准溶液的物质必须是基准物质。（　　）

7. Cr^{3+} 主要存在于土壤与沉积物中，Cr^{6+} 主要存在于水中。（　　）

8. 施用化肥可增加土壤中重金属的积累。（　　）

9. 引起土壤砷污染的原因主要是大气降尘与农药的使用。（　　）

10. 利用高锰酸钾的强氧化性滴定还原性物质时一般在碱性溶液中进行。（　　）

三、简答题

1. 如何布点采集污染土壤样品和背景值样品？用图示法解释说明。

2. 分析比较土壤各种酸式消化法的特点。有哪些注意事项？消化过程中各种酸起何种作用？

3. 土壤中镉含量测定的方法都有哪些？

4. 土壤中有机氯农药测定的方法都有哪些？

5. 为测定土壤试样中铜的含量，于三份 5mL 的土壤试液中分别加入 0.5mL、1mL、1.5mL 的 $5\mu g/mL$ 的硝酸铜标准溶液，均用水稀释至 10mL，在原子吸收分光光度计上测得吸光度依次为 33.0、55.3、78.0。计算此土壤试液中铜的含量（mg/L）是多少？

项目四

噪声污染监测

学习目标

知识目标

1. 了解噪声的特征；
2. 掌握噪声的评价标准；
3. 掌握噪声的评价方法；
4. 掌握噪声监测仪器的使用方法；
5. 掌握噪声监测的程序和监测方法。

能力目标

1. 能采用适当的方法对噪声环境进行分析；
2. 能正确处理实验数据并完成环境监测报告；
3. 能熟练使用环境监测岗位所常用仪器。

素质目标

1. 具有较强的责任意识和一丝不苟的工作态度；
2. 具有团队意识和相互协作精神；
3. 具有一定的语言表达能力、沟通能力、人际交往能力；
4. 具有事故保护和工作安全意识；
5. 建立实事求是的科学态度。

情境导入

噪声的恶性刺激，严重影响人们的睡眠质量，并会导致头晕、头痛、失眠、多梦、记忆力减退、注意力不集中等神经衰弱症状和恶心、呕吐、胃痛、腹胀等消化道症状。营养学家研究发现，噪声还能使人体中的维生素、微量元素如氨基酸、谷氨酸、赖氨酸等必需的营养物质的消耗量增加，影响健康；噪声令人肾上腺分泌增多、心跳加快、血压上升，容易导致心脏病发；同时噪声可使人唾液、胃液分泌减少，胃酸降低，从而易患胃溃疡和十二指肠溃疡。

我国对城市噪声与居民健康的调查表明，地区的噪声每上升一分贝，高血压发病率就增加 3%。噪声严重影响人的神经系统，使人急躁、易怒。影响睡眠，造成疲倦。

引领任务	拓展任务
任务一　环境噪声监测	任务二　扰民噪声监测

任务一　环境噪声监测

任务目标

1. 了解区域环境噪声、城市交通噪声和工业企业噪声监测方法。
2. 掌握声级计的使用方法。
3. 学会噪声污染图的绘制方法。
4. 能正确分析噪声对人类生产、生活产生的不良影响，写出评价报告。

【任务引领】

一、仪器设备

普通声级计。

二、操作步骤

1. 区域环境噪声监测

（1）操作步骤　将学校的平面图按比例划分为 25m×25m 的网格（若学校面积大可将网格放大），测点选在每个网格的中心。若中心点的位置不宜测量，可移到旁边能够测量的位置。

每组 4 位同学配置一台声级计，按顺序到各网点测量，时间以 8～17h 为宜，每个网格至少测量四次，每次连续读 200 个数据。

读数方式用慢挡，每隔 5s 读一个瞬时 A 声级，连续读取 200 个数据。同时还要判断和记录附近主要噪声源（如交通噪声、施工噪声、工厂噪声）和天气条件。

（2）结果处理　环境噪声是随着时间而起伏的无规律噪声，因此测量结果一般用等效声级来表示。

将各网点每一次的测量数据（200 个）顺序排列找出 L_{10}、L_{50}、L_{90}，求出等效声级 L_{eq}，再用该网点一整天的各次 L_{eq} 值求出算术平均值，作为该网点的环境噪声评价量。

以 5dB（A）为一等级，用不同颜色或记号绘制学校噪声污染图。

2. 城市交通噪声监测

（1）操作步骤　在每个交叉路口之间的交通线上选择一个测点。测点在马路边人行道上，离马路 20cm。

读数方式用慢挡，测量时每隔 5s 记一个瞬时 A 声级，连续读取 200 个数据，测量的同时记录机动车流量。

（2）结果处理　交通噪声符合正态分布，可用前面的方法计算各个测点的 L_{eq}。

将每个测点按 5dB（A）一挡分级，用不同的颜色或不同记号绘制一段马路的噪声值，即得到某一地区一段马路交通噪声污染图，噪声分级图如图 4-1 所示。

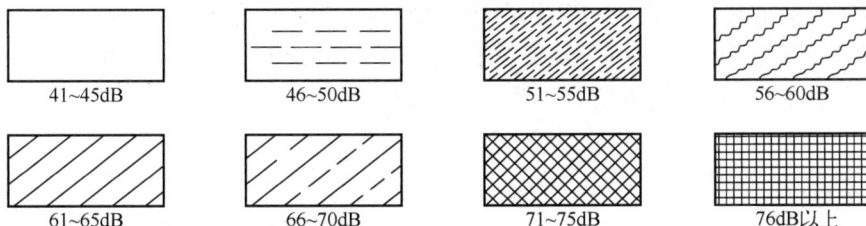

41~45dB　　　46~50dB　　　51~55dB　　　56~60dB

61~65dB　　　66~70dB　　　71~75dB　　　76dB以上

图 4-1　噪声分级图例

3. 工业企业噪声监测

（1）操作步骤　测点选择应根据车间声级不同而定。若车间内各处声级波动小于 3dB（A），则只需在车间内选择 1~3 个测点。若车间内各处声级波动大于 3dB（A），则应按声级大小将车间分成若干区域。任一两区域的声级波动应大于或等于 3dB（A），而每个区域内的声级波动必须小于 3dB（A）。测量区域必须包括所有工人为观察或管理生产过程而经常工作、活动的地点和范围。每个区域应取 1~3 个测点。

读数方式用慢挡，测量时每隔 5s 记一个瞬时 A 声级，共 200 个数据。

测量时同时记下车间内机器名称、型号、功率、运行情况以及这些机器设备和测点的分布情况。

（2）结果处理　计算 L_{eq} 的方法同区域环境噪声监测。若车间内各处声级波动小于 3dB（A），可先求出各测点的 L_{eq} 值，再得出各测点 L_{eq} 的算术平均值作为车间内噪声评价量。若车间内各处声级波动大于 3dB（A），则各个区域的噪声值可用该区域内各测点 L_{eq} 的算术平均值来表示，然后用 5dB（A）一挡分级，用不同颜色或记号画出车间内噪声污染图。

三、注意事项

1. 使用电池供电的监测仪器，必须检查电池电压，电压不足应予以更换。

2. 每次测量要仔细核准仪器，可用仪器上的"Cal"和"A"（或"C"）挡按键以及灵敏度调节孔进行校准。

3. 为了防止风噪声对仪器的影响，在户外测量时要在传声器上装风罩。风力超过四级及以上要停止测量。

4. 当测量的声压级与背景噪声相差不到 10dB 时，应扣除背景噪声的影响，才是真正的声源声压级，按表 4-1 进行修正。实际测得噪声级减去修正值即为测量声源的噪声级。

表 4-1　背景噪声修正值

测量声级减去背景声级/dB	1，2	3	4，5	6，7，8，9
修正值/dB	5	3	2	1

5. 注意反射声对测量的影响，一般要使传声器远离反射面（2～3）m。手持声级计，尽量使身体离开话筒，最好将声级计安装在三脚架上，传声器离地面 1.2m，人体距话筒至少50cm。

6. 计权网络的选择，一般都采用 A 声级来评价噪声。

7. 快慢挡的选择，快挡用于起伏很小的稳态噪声，如果表头指针摆动超过 4dB，则用慢挡读数。在读数不稳时，可读表头指针摆动的中值。

8. 测点的选择是随着不同的噪声测量内容而有不同的布置方法。

9. 测量记录应标明测点位置，仪器名称、型号，气候条件，测量时间及噪声源。

10. 所有声级的计算结果保留到小数点后一位。

学习笔记

实训任务单

班级：	姓名：	学号：	成绩：

任务名称：**环境噪声测定**　　　　　　　　　　　　　　　日期：

一、任务要求

1. 了解区域环境噪声、城市交通噪声和工业企业噪声监测方法。
2. 掌握声级计的使用方法。
3. 学会噪声污染图的绘制方法。
4. 能正确分析噪声对人类生产、生活产生的不良影响，写出评价报告。

二、思考题

1. 影响噪声测定的因素都有哪些？

2. 声级的计算结果保留到小数点后几位？

三、基本原理

四、仪器药品

1. 所用仪器

2. 所用药品

续表

五、数据记录表格

六、注意事项

1. 使用电池供电的监测仪器，必须检查电池电压，电压不足应予以更换。

2. 每次测量要仔细核准仪器，可用仪器上的"Cal"和"A"（或"C"）挡按键以及灵敏度调节孔进行校准。

3. 为了防止风噪声对仪器的影响，在户外测量时要在传声器上装风罩。风力超过四级及以上要停止测量。

4. 注意反射声对测量的影响，一般要使传声器远离反射面（2~3）m。手持声级计，尽量使身体离开话筒，最好将声级计安装在三脚架上，传声器离地面 1.2m，人体距话筒至少 50cm。

七、预习中出现的问题

【知识链接】　　　　　　噪声评价

噪声评价的目的是有效地提出适合于人们对噪声反应的主观评价量。噪声变化特性的差异以及人们对噪声主观反应的复杂性，使得对噪声的评价较为复杂。多年来各国学者对噪声的危害和影响程度进行了大量研究，提出了各种评价指标和方法，期望得出与主观性响应相对应的评价量和计算方法，以及所允许的数值和范围。本部分主要介绍一些已经被广泛认可和使用比较频繁的评价量和相应的噪声标准。

一、响度、响度级

1. 响度

在噪声的物理量度中，声压和声压级是评价噪声强弱的常用物理量度。人耳对噪声强弱的主观感觉，不仅与声压级的大小有关，而且还与噪声频率的高低、持续时间的长短等因素有关。人耳对高频率噪声较敏感，对低频率噪声较迟钝。响度是人耳判别噪声由轻到响的强度概念，它不仅取决于噪声的强度（如声压级），还与它的频率和波形有关。响度用 N 表示，单位是宋（sone），定义声压级为 40dB，频率为 1000Hz 的纯音为 1sone。如果另一个噪声听起来比 1sone 的声音大 n 倍，即该噪声的响度为 n sone。

2. 响度级

为了定量地确定声音的轻或响的程度，通常采用响度级这一参量。响度级是建立在两个声音主观比较的基础上，选择 1000Hz 的纯音作基准声音，若某一噪声听起来与该纯音一样响，则该噪声的响度级在数值上就等于这个纯音的声压级（dB）。响度级用 L_N 表示，单位是方（phon）。例如某噪声听起来与声压级为 80dB、频率为 1000Hz 的纯音一样响，则该噪声的响度级就是 80phon。响度级是一个表示声音响度的主观量，它把声压级和频率用一个概念统一起来，既考虑声音的物理效应，又考虑声音对人耳的生理效应。

3. 响度和响度级关系

响度和响度级都是对噪声的主观评价，经实验得出，响度级每增加 10phon，响度增加一倍。例如响度级为 50phon 的响度为 2sone，60phon 为 4sone。两者之间的关系为：

$$L_N = 40 + 33.3 \lg N \quad （phon）$$

$$N = 2^{\left(\frac{L_N - 40}{10}\right)} \quad （sone）$$

二、计权声级

由于用响度级来反映人耳的主观感觉太复杂，而且人耳对低频声不敏感，对高频声较敏感。为了模拟人耳的听觉特征，人们在等响曲线中选出三条曲线，即 40 方、70 方、100 方的曲线，分别代表低声级、中强声级和高强声级时的响度，并按这三条曲线的形状，设计出 A、B、C 三挡计权网络，在噪声测量仪器上安装相应的滤波器，对不同频率的声音进行一定的衰减和放大，这样便可从噪声测量仪器上直接读出 A 声级、B 声级、C 声级，这些声级统称 L_A、L_B、L_C 计权声级，分别记为 dB（A）、dB（B）、dB（C）。如图 4-2 所示的是国际电工委员会（IEC）规定的四种计权网络频率响应的相对声压级曲线。其中 A 计权网络相当于 40 方等响曲线的倒置，B 计权网络相当于 70 方等响曲线的倒置，C 计权网络相当于 100 方等响曲线的倒置，D 计权声级是对噪声参量的模拟，专用于飞机噪声的测量。

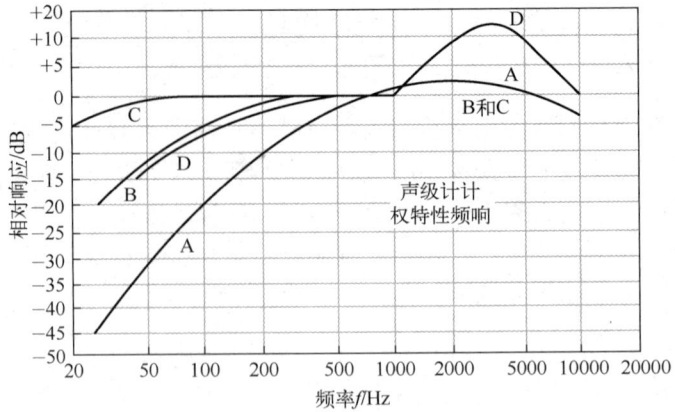

图 4-2 计权网络频率特性

近年来研究表明，不论噪声强度是多少，利用 A 声级都能较好地反应噪声对人吵闹的主观感觉和人耳听力损伤程度。因此，现在常用 A 声级作为噪声测量和评价的基本量。今后如果不作说明均指的是 A 声级。A 声级通常用符号 L_A 表示，单位是 dB（A）。常见声源的 A 声级见表 4-2。

表 4-2　常见声源的 A 声级

声源	主观感受	A 声级/dB
轻声耳语	安静	20～30
静夜，图书馆	安静	30～40
普通房间，吹风机	较静	40～60
普通谈话声，小空调机	较静	60～70
大声说话，较吵街道，缝纫机	较吵	70～80
吵闹的街道，公共汽车，空压机站	较吵	80～90
很吵的马路，载重汽车，推土机，压路机	很吵	90～100
织布机，大型鼓风机，电锯	很吵	100～110
柴油发动机，球磨机，凿岩机	痛阈	110～120
风铆，螺旋桨飞机，高射机枪	痛阈	120～130
风洞，喷气式飞机，大炮	无法忍受	130～140
火箭，导弹	无法忍受	150～160

任务二 扰民噪声监测

任务目标

1. 了解扰民噪声监测方法。
2. 掌握声级计的使用方法。
3. 能够正确分析噪声对人类生产、生活产生的不良影响，写出评价报告。

【任务引领】

一、仪器设备

普通声级计。

二、操作步骤

在受外来噪声影响的居住区或办公建筑物外 1m（如窗外 1m）设点，不得不在室内测量时，距墙面和其他反射面不小于 1m，距窗户约 1.5m，开窗状态。

测量时应选在无雨、无雪天气，风力小于 4 级（风速小于 5.5m/s）白天时间一般选在 6：00～22：00，夜间时间一般选在 22：00～6：00。声级计安装在三脚架上，传声器放在离地面高度为 1.2m 以上的噪声影响敏感处且指向声源，传声器带风罩。选用 A 计权快挡，每隔 5s 读一瞬时声级，连续取 100 个数据[当声级涨落大于 10dB（A）时，应读取 200 个数据]。

三、结果处理

按区域环境噪声有关公式计算等效连续 A 声级 L_{eq}。将全部测点测得的连续等效 A 声级做算术平均运算，所得到的算术平均值就代表区域的扰民噪声水平。

学习笔记

班级：	姓名：	学号：	成绩：

任务名称：扰民噪声测定	日期：

一、任务要求

1. 了解扰民噪声监测方法。

2. 掌握声级计的使用方法。

3. 能够正确分析噪声对人类生产、生活产生的不良影响，写出评价报告。

二、思考题

1. 噪声是否扰民的评价方法和原则是什么？

2. 噪声对人类生产和生活的不良影响有哪些？

三、基本原理

四、仪器药品

1. 所用仪器

2. 所用药品

五、数据记录表格

六、注意事项

1. 测点的选择是随着不同的噪声测量内容而有不同的布置方法。

2. 测量记录应标明测点位置、仪器名称、型号、气候条件、测量时间及噪声源。

七、预习中出现的问题

【知识链接】 噪声监测

一、噪声监测仪器

在噪声测量中，人们可根据不同的测量与分析目的，选用不同的仪器，采用相应的测量方法。常用的测量仪器有声级计、声级频谱仪、自动记录仪、磁带录音机、实时分析仪。

1. 声级计

（1）原理 声级计主要由传声器、放大器、衰减器、计权网络、电表电路及电源等部分组成，如图4-3所示。

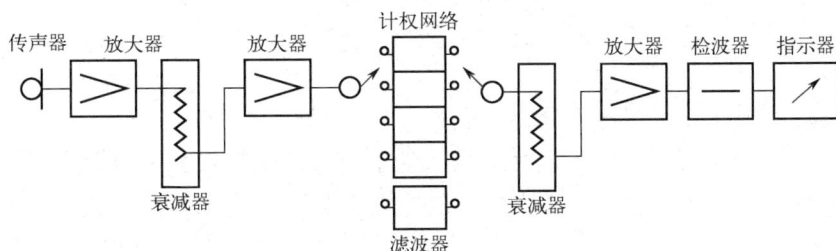

图 4-3 声级计工作原理示意图

声级计的工作原理是声压由传声膜片接受后，将声压信号转换成电压信号，由于表头指示范围一般只有20dB，而声音范围变化可高达140dB甚至更高，所以，此信号经前置放大器作阻抗变换后要输入衰减器，经输入衰减器衰减后的信号再输入放大器进行定量放大，放大后的信号由计权网络进行计权。计权网络是模拟人耳对不同频率有不同灵敏度的听觉响应，在计权网络处可外接滤波器进行频谱分析。经计权后的信号由输出衰减器减到额定值，随即送到输出放大器放大，使信号达到相应的功率输出，输出信号经检波后送出有效电压，推动电表显示所测的声压级数值。

① 传声器。也称话筒或麦克风，它是将声能转换成电能的元件。声压由传声器膜片接收后，将声压信号转换成电信号。传声器的质量是影响声级计性能和测量准确度的关键部位。常用的传声器分为晶体传声器、电动式传声器、电容传声器和驻极体传声器。晶体和电动式传声器一般是用于普通声级计；电容和驻极体传声器多用于精密声级计。电容传声器是目前较理想的传声器，其灵敏度高，一般为10~50mV/Pa；在很宽的频率范围内（10~20000Hz）频率响应平直；稳定性良好，可在50~150℃、相对湿度为0%~100%的范围内使用。

② 放大器和衰减器。放大器和衰减器是声级计和频谱分析仪内部放大和衰减电信号的电子线路。因为传声器把声音信号变成电信号，此电信号一般很微弱，既达不到计权网络分离信号所需的能量，也不能在电表上直接显示，所以需要将信号加以放大，这个工作由前置放大器来完成；当输入信号较强时，为避免表头过载，需对信号加以衰减，这就需要用输入衰减器进行衰减。经过前端处理后的信号必须再由输入放大器进行定量的放大才能进入计权网络。用于声级测量的放大器和衰减器应满足下面几个条件：要有足够大的增益而且稳定；频率响应特性要平直；在声频范围20~20000Hz内要有足够的动态范围；放大器和衰减器的固有噪声要低；耗电量小。

③ 计权网络。它是由电阻和电容组成的，具有特定频率响应的滤波器，能使待测定的

频带顺利地通过，而把其他频率的波尽可能地除去。为了使声级计测出的声压级的大小接近人耳对声音的响应，用于声级计的计权网络是根据等响曲线设计的，即 A、B、C 三种计权网络。

④ 电表、电路和电源。经过计权网络后的信号由输出衰减器衰减到额定值，随即送到输出放大器放大，使信号达到响应的功率输出，输出的信号被送到电表电路进行有效值检波（RMS 检波），输出有效电压，推动电表，显示所测的声压级分贝值。声级计上有阻尼开关能反映人耳听觉动态特性，"F"表示表头为"快"的阻尼状态，它表示信号输入 0.2s 后，表头上就迅速达到其最大读数，一般用于测量起伏不大的稳定噪声。如果噪声起伏变化超过 4dB，应使用慢挡"S"，它表示信号输入 0.5s 后，表头指针就达到它的最大读数。

为了适用于野外测量，声级计电源一般要求电池供电。为了保证测量精度，仪器应进行校准。声级计类型不同其性能也不一样，普通声级计的测量误差约为±3dB，精密声级计的误差约为±1dB。

（2）种类　声级计按其用途可分为一般声级计、车辆声级计、脉冲声级计、积分声级计和噪声剂量计等。按其精度可分为四种类型：O 型声级计，是实验用的标准声级计；Ⅰ型声级计，相当于精密声级计；Ⅱ型声级计和Ⅲ型声级计作为一般用途的普通声级计。按其体积大小可分便携式声级计和袖珍式声级计。国产声级计有 ND-2 型精密声级计和 PSJ-2 型普通声级计。国际标准化组织（ISO）及国际电工委员会（IEC）规定普通声级计的频率范围是 20～8000Hz，精密声级计的频率范围为 20～12500Hz。

2. 声级频谱仪

频谱仪是测量噪声频谱的仪器，它的基本组成大致与声级计相似。频谱分析仪中，设置了完整的计权网络（滤波器）。借助于滤波器的作用，可以将声频范围内的频率分成不同的频带进行测量。例如作倍频程划分时，若将滤波器置于中心频率 500Hz，通过频谱分析仪的则是 335～710Hz 的噪声，其他频率就不能通过，因此在频谱分析仪上所显示的就是频率为 355～710Hz 噪声的声压级，其他类推。由于频谱分析仪能分别测量噪声中所包含的各种频带的声压级。所以它是进行噪声频谱分析不可缺少的仪器。一般情况下，进行频谱分析时，都采用倍频程划分频带。如果对噪声要进行更详细的频谱分析，就要用窄频带分析仪，例如用 1/3 频程划分频带。在没有专用的频谱分析仪时，也可以把适当的滤波器接在声级计上进行频谱测定。

3. 自动记录仪

记录仪是将测量的噪声声频信号随时间变化记录下来，从而对环境噪声做出准确评价，记录仪能将交变的声谱电信号作对数转换，整流后将噪声的峰值、均方根值（有效值）和平均值表示出来。

4. 磁带录音机

现场测量有时受到测试场地或供电条件的限制，不可能携带复杂的测试分析系统。磁带记录仪具有携带简便、直流供电等优点，能将现场信号连续不断地记录在磁带上，带回实验室中分析。测量使用的磁带记录仪除要求畸变小、抖动少、动态范围大外，还要求在 20～20000Hz 频率范围内有平直的频率响应。

5. 实时分析仪

在声级计的基础上配以自动信号存贮、处理系统和打印系统，该装置便成为噪声实时分析仪。噪声级分析仪的工作原理是噪声信号经传声器转换为交变的电压信号，经放大、计权、检波后，利用微机和单板机存贮并处理，处理后的结果由数字显示，测量结束后，由打印机打出计算结果，微机和单板机还将控制仪器的取样间隔、取样时间和量程进行切换。一般噪声级分析仪均可测量声压级、A 计权声级、累计百分声级 L_N、等效声级 L_{eq}、标准偏差、概率分布和累积分布。更进一步可测量 L_d、L_N、L_{eq}、声暴露级 L_{AET}、车流量、脉冲噪声等，外接滤波器可作频谱分析。噪声实时分析仪与声级计相比，显著优点一是完成取样和数据处理的自动化；二是高密度取样，提高了测量精度。

二、噪声监测条件

1. 噪声监测程序

噪声监测的一般程序包括现场调查和资料收集、布点和监测技术、数据处理和监测报告。

环境噪声的监测范围是区域内噪声所影响的范围，不一定越宽越好。监测点的选择、监测实践和监测方法因不同的噪声监测内容而异，测点一般要覆盖整个评价范围，重点要布置在现有噪声源对敏感区有影响的点上。点声源周围布点密度应高一些，线声源应根据敏感区分布状况和工程特点，确定若干测量断面，每一断面上设置一组测点。为便于绘制等声级线图，一般采用网格测量法和定点测量法。

2. 测量时间

测量时间根据不同的监测内容要求不同，具体见表 4-3。

表 4-3 监测时间

项目名称	监测时间
区域环境噪声	白天上午 8：00～12：00，下午 2：00～6：00。夜间时间一般选在 22：00～5：00
道路交通噪声	白天正常工作时间内
厂界噪声	工业企业的正常生产时间内进行，分昼间和夜间两部分
功能区噪声	24h，每小时测量 20min，或 24h 全时段监测
扰民噪声	白天 6：00～22：00，夜间时间一般选在 22：00～6：00
建筑施工厂界噪声	在各种施工机械正常运行时间内进行，分昼间和夜间两部分
机动车辆噪声	白天时间一般选在上午 8：00～12：00，下午 2：00～6：00。夜间时间一般选在 22：00～5：00

3. 测量气象条件选择

监测气象条件一般为无雨、无雪天气，风力小于 4 级（风速小于 5.5m/s）。

三、噪声监测实施

1. 城市区域环境噪声

（1）布点 将要监测的城市划分为 500m×500m 的网络，测量点选择在每个网络的中心，若中心点的位置不易测量，如房顶、污沟、禁区等，可移到旁边能够测量的位置。测量的网络数目不应少于 100 个格。若城市较小，可按 250m×250m 的网络划分。

（2）测量 测量时应选在无雨、无雪天气，白天时间一般选在上午 8：00～12：00，下午 2：00～6：00。夜间时间一般选在 22：00～5：00。根据南、北方地区的不同，季节的不同，时间可稍有变化。声级计可手持或安装在三脚架上，传声器离地面高度为 1.2m，手持声级计时，应使人体与传声器相距 0.5m 以上。选用 A 计权，调试好后置于慢挡，每隔 5s 读取一个瞬时 A 声级数值，每个测点连续读取 100 个数据（当噪声涨落较大时，应读取 200 个数据）作为该点的白天或夜间噪声分布情况。在规定时间内每个测点测量 10min，白天和夜间分别测量，测量的同时要判断测点附近的主要噪声源（如交通噪声、工厂噪声、施工噪声、居民噪声或其他噪声源等），并记录下周围的声学环境。测量数据记录在声级等时记录表，见表 4-4。

表 4-4　声级等时记录表

年　月　日		时　分至　时　分	
星期		测量人	
天气		仪器	
地点		计权网络	
主要噪声源		快慢挡	
取样间隔		取样总数	
$L_{10}=$　dB（A）	$L_{50}=$　dB（A）	$L_{90}=$　dB（A）	$L_{eq}=$　dB（A）

（3）数据处理　由于城市环境噪声是随时间而起伏变化的非稳态噪声，因此测量结果一般用统计噪声级或等效连续 A 声级进行处理，即测定数据按有关公式计算出 L_{10}、L_{50}、L_{90}、L_{eq} 和标准偏差 s 数值，确定城市区域环境噪声污染情况。如果测量数据符合正态分布，则可用下述两个近似公式来计算 L_{eq} 和 s：

$$L_{eq} \approx L_{50} + d^2/60 \qquad d = L_{10} - L_{90}$$
$$s \approx (L_{16} - L_{84})/2$$

所测数据均按由大到小顺序排列，第 10 个数据即为 L_{10}，第 16 个数据即为 L_{16}，其他依此类推。

（4）评价方法

① 数据平均法。将全部网络中心测点测得的连续等效 A 声级做算术平均运算，所得到的算术平均值就代表某一区域或全市的总噪声水平。

② 图示法。城市区域环境噪声的测量结果，除了用上面有关的数据表示外，还可用城市噪声污染图表示。为了便于绘图，将全市各测点的测量结果以 5dB 为一等级，划分为若干等级（如 56～60，61～65，66～70……分别为一个等级），然后用不同的颜色或阴影线表示每一等级，绘制在城市区域的网格上，用于表示城市区域的噪声污染分布。由于一般环境噪声标准多以 L_{eq} 来表示，为便于同标准相比较，因此建议以 L_{eq} 作为环境噪声评价量，来绘制噪声污染图。等级的颜色和阴影线规定用如下方式表示（见表 4-5）。

表 4-5　等级颜色和阴影线表示方式

噪声带/dB（A）	颜色	阴影线
35 以下	浅绿色	小点，低密度
36～40	绿色	中点，中密度

续表

噪声带/dB（A）	颜色	阴影线
41～45	深绿色	大点，大密度
46～50	黄色	垂直线，低密度
51～55	褐色	垂直线，中密度
56～60	橙色	垂直线，高密度
61～65	朱红色	交叉线，低密度
66～70	洋红色	交叉线，中密度
71～75	紫红色	交叉线，高密度
76～80	蓝色	宽条垂直线
81～85	深蓝色	全黑

2. 城市交通噪声

（1）布点　在每两个交通路口之间的交通线上选一个测点，测点设在马路旁的人行道上，一般距马路边缘 20cm，这样选点的好处是该点的噪声可以代表两个路口之间的该段马路的交通噪声。

（2）测量　测量时应选在无雨、无雪的天气进行，以减免气候条件的影响，因风力大小等都直接影响噪声测量结果。测量时间同城市区域环境噪声要求一样，一般在白天正常工作时间内进行测量。选用 A 计权，将声级计置于慢档，安装调试好仪器，每隔 5s 读取一个瞬时 A 声级，连续读取 200 个数据，同时记录车流量（辆/h）。

（3）数据处理　测量结果一般用统计噪声级和等效连续 A 声级来表示。将每个测点所测得的 200 个数据按从大到小顺序排列，第 20 个数即为 L_{10}，第 100 个数即为 L_{50}，第 180 个数即为 L_{90}。经验证明城市交通噪声测量值基本符合正态分布，因此，可直接用近似公式计算等效连续 A 声级和标准偏差值。

$$L_{eq} \approx L_{50} + d^2 / 60 , \quad d = L_{10} - L_{90}$$

$$s \approx (L_{16} - L_{84}) / 2$$

L_{10}、L_{50}、L_{90}、L_{eq} 和标准偏差 s、L_{16} 和 L_{84} 分别是测量的 200 个数据按由大到小排列后，第 32 个数和第 168 个数对应的声级值。

（4）评价方法

① 数据平均法。若要对全市的交通干线的噪声进行比较和评价，必须把全市各干线测点对应的 L_{10}、L_{50}、L_{90}、L_{eq} 的各自平均值、最大值和标准偏差列出。平均值的计算公式为

$$L(平均值) = (\sum L_i \times l_i) / l$$

式中　　l——全市干线总长度，$l = \sum l_i$，km；

　　　　L_i——所测 i 段干线的等效连续 A 声级 L_{eq} 或累积百分声级 L_{10}，dB（A）；

l_i ——所测第 i 段干线的长度，km。

② 图示法。城市交通噪声测量结果除了可用上面的数值表示外，还可用噪声污染图表示。当用噪声污染图表示时，评价量为 L_{eq} 或 L_{10}，将每个测点的 L_{eq} 或 L_{10} 按 5dB 一等级（划分方法同城市区域环境噪声），以不同颜色或不同阴影线画出每段马路的噪声值，即得到全市交通噪声污染分布图。

在城市区域环境总噪声评价中使用的是算术平均值，而在城市交通总噪声评价中使用的是平均值，这是交通噪声监测与区域环境噪声监测的主要区别。

3. 工业企业噪声

（1）布点 测量工业企业外环境噪声，应在工业企业边界线外 1m、高度 1.2m 以上的噪声敏感处进行。围绕厂界布点，布点数目及时间间距视实际情况而定，一般根据初测结果中，声级每涨落 3dB 布一个测点。如果边界模糊，以城建部门划定的建筑红线为准。如与居民住宅毗邻时，应取该室内中心点的测量数据为准，此时标准值应比室外标准值低 10dB（A）。如边界设有围墙、房屋等建筑物时，应避免建筑物的屏障作用对测量的影响。监测点的选择如图 4-4 所示。

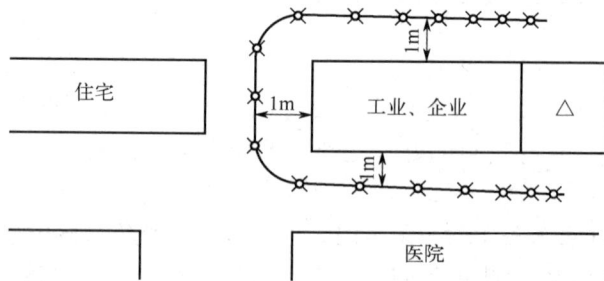

图 4-4　工业企业噪声监测点选择示意图
□室外测点；△室内测点

测量车间内噪声时，若车间内部各点声级分布变化小于 3dB 时，只需要在车间选择 1～3 个测点；若声级分布差异大于 3dB，则应按声级大小将车间分成若干区域，使每个区域内的声级差异小于 3dB，相邻两个区域的声级差异应大于或等于 3dB，并在每个区选取 1～3 个测点。这些区域必须包括所有工人观察和管理生产过程而经常工作活动的地点和范围。

（2）测量 测量应在工业企业的正常生产时间内进行，分昼间和夜间两部分。传声器应置于工作人员的耳朵附近，测量时工作人员应从岗位上暂时离开，以避免声波在工作人员头部引起的散射声使测量产生误差，必要时适当增加测量次数。计权特性选择 A 声级，动态特性选择慢响应。稳态噪声，只测量 A 声级。非稳态噪声，则在足够长时间内（能代表 8h 内起伏状况的部分时间）测量，若声级涨落在 3～10dB 范围，每隔 5s 连续读取 100 个数据；声级涨落在 10dB 以上，连续读取 200 个数据。由于工业企业噪声多属于间断性噪声，因此，在实际监测中可通过测量不同 A 声级下的暴露时间改进，测量的数据记录在表 4-6 中。

表 4-6 工业企业噪声记录表

年 月 日		厂 车间									
厂址		测量人员									
仪器		计权网络 快慢挡									
车间设备名称 型号		功率 开（台）停（台）									
车间区域测点示意图											
		中心声级/dB（A）									
	区域	80	85	90	95	100	105	110	115	120	125
暴露时间 /min	1										
	2										
	3										
	4										

（3）数据处理 稳态噪声测得的声级就是该车间的等效连续 A 声级。如某车间内的噪声始终是 90dB（A），则该车间的等效连续 A 声级就是 90dB（A）。非稳态噪声按区域环境噪声有关公式计算等效连续 A 声级 L_{eq}。

4. 机动车辆噪声

（1）布点 对城市环境密切相关的是车辆行驶的车外噪声。车外噪声测量需要平坦开阔的场地。在测试中心周围 25m 半径范围内不应有大的反射物。测试跑道应有 20m 以上平直、干燥的沥青路面或混凝土路面，路面坡度不超过 0.5%。测点应选在 20m 跑道中心 O 点两侧，距中线 7.5m，距地面 1.2m，如图 4-5 所示。

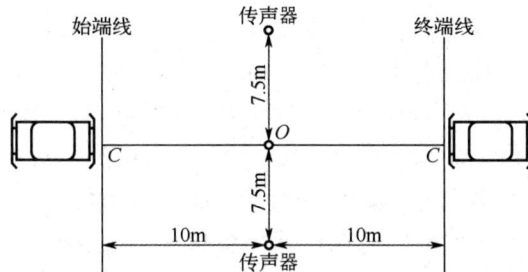

图 4-5 车外噪声测试场地示意图

（2）测量 测量时应选在无雨、无雪天气，白天时间一般选在上午 8：00～12：00，下午 2：00～6：00。夜间时间一般选在 22：00～5：00。根据南北方地区、季节的不同，时间可稍有变化。声级计用三脚架固定，传声器平行于路面，其轴线垂直于车辆行驶方向。本底噪声至少应比所测车辆噪声低 10dB（A），为了避免风噪声干扰，可采用防风罩。声级计用 A 计权，"快"挡读取车辆驶过时的最大读数。测量时要避免测试人员对读数的影响。各类车辆按测试方法所规定的行驶挡位分别以加速和匀速状态驶入测试跑道。同样的测量往返进行一次。车辆同侧两次测量结果之差不应大于 3dB（A）。若只用一个声级计测量，同样的测量应进行四次，即每侧测量两次。测量数据记录在表 4-7 中。

（3）数据处理 车外噪声一般用最大值来表示。取受试车辆同侧两次测量声级的平均值中最大值作为被测车辆加速行驶或匀速行驶时的最大噪声级。

表 4-7　车外噪声数值记录表

日期　　年　月　日				测量地点		路面状况		
天气　　风速　　m/s				受试车型号		发动机型号		
车架型号　　设计最高车速　m/s				匀速行驶车速　m/s				
声级计型号				声级计鉴定日期				
车速测定装置型号				转速表型号				

挡位	测量位置	次数	驶入始端线时 转速/（r/min）	驶入终端线时 转速/（r/min）	是否超速	噪声级/dB（A）	
						测量值	平均值
	左	1					
		2					
	右	1					
		2					
	左	1					
		2					
	右	1					
		2					

5. 功能区噪声

（1）布点　当需要了解城市环境噪声随时间的变化时，应选择具有代表性的测点进行长期监测。测点的选择，可根据可能的条件决定，如交通干线道路两侧两点，其余功能区各设一点，多设不限，但一般不少于六个点。另外也可这样设点：0 类区、1 类区、2 类区、3 类区各一点，4 类区两点。

（2）测量　测量时应选在无雨、无雪天气，风力小于 4 级（风速小于 5.5m/s），声级计安装在三脚架上，传声器离地面高度大于等于 1.2m，距最近的反射体 1m 以上，传声器指向较大的声源或垂直向上，带风罩，选用 A 计权快挡。功能区 24 小时测量，每小时取一段，每段测 20min。在此时间内每隔 5s 读一瞬时声级，连续取 100 个数据[当声级涨落大于 10dB（A）时，应读取 200 个数据]，代表该小时的噪声分布。测量时段可任意选择，但两次测量的时间间隔必须为一小时。测量时，读取的数据记入环境噪声测量数据表中。读数时还应判断影响该测点的主要噪声来源（如交通噪声、生活噪声、工业噪声、施工噪声等），并记录周围的环境特征，如地形地貌、建筑布局、绿化状况等。测点若落在交通干线旁，还应同时记录车流量。

采用噪声分析仪进行测量时，取样间隔为 5s，测量时间不得少于 10min。

（3）数据处理　数据处理与区域环境噪声相同。评价参数选用各个测点每小时的 L_{10}、L_{50}、L_{90}、L_{eq} 来表示。将全部测点测得的连续等效 A 声级做算术平均运算，所得到的算术平均值就代表该工业企业区域总噪声水平。

6. 扰民噪声

（1）布点　在受外来噪声影响的居住或办公建筑物外 1m（如窗外 1m）设点，不得在室内测量时，距墙面和其他反射面不小于 1m，距窗户约 1.5m，开窗状态。

（2）测量　测量时应选在无雨、无雪天气，风力小于 4 级（风速小于 5.5m/s），白天时间一般选在 6：00～22：00，夜间时间一般选在 22：00～6：00。声级计安装在三脚架上，传声器放置在离地面高度为 1.2m 以上的噪声影响敏感处且指向声源，传声器带风罩。选用 A 计权快挡，每隔 5s 读一瞬时声级，连续取 100 个数据[当声级涨落大于 10dB（A）时，应读取 200 个数据]，测量数据记录在监测数据表中。

（3）数据处理 按区域环境噪声有关公式计算等效连续 A 声级 L_{eq}。将全部测点测得的连续等效 A 声级做算术平均运算，所得到的算术平均值就代表区域的扰民噪声水平。

7. 社会生活环境噪声

社会生活环境噪声是指营业性文化娱乐场所和商业经营活动中使用的设备、设施产生的噪声。社会生活环境噪声首次被确定，其监测方法是《社会生活环境噪声排放标准》（GB 22337—2008），该标准从 2008 年 10 月 1 日起开始执行。该标准规定了营业性文化娱乐场所和商业经营活动中可能产生环境噪声污染的设备、设施边界噪声排放限值和测量方法。该标准适用于对营业性文化娱乐场所、商业经营活动中使用的向环境排放噪声的设备、设施的管理、评价与控制。

📝 **学习笔记**

项目测试题

一、选择题

1. 声压级的常用公式为：$L_P=$（　　）。

A. $10\lg\,(P/P_0)$　　　　B. $20\ln\,(P/P_0)$　　　　C. $20\lg\,(P/P_0)$　　　　D. $10\ln\,(P/P_0)$

2. 环境敏感点的噪声监测点应设在（　　）。

A. 距扰民噪声源 1m 处　　　　　　　　B. 受影响的居民室外 1m 处

C. 噪声源厂界外 1m 处　　　　　　　　D. 噪声源厂界外 3m 处

3. 如一声压级为 70dB，另一声压级为 50dB，则总声压级为（　　）dB。

A. 70　　　　　　　B. 73　　　　　　　C. 90　　　　　　　D. 120

4. 设一人单独说话时声压级为 65dB，现有 10 人同时说话，则总声压级为（　　）dB。

A. 75　　　　　　　B. 66　　　　　　　C. 69　　　　　　　D. 650

5. 声功率为 85dB 的 4 台机器和 80dB 的 2 台机器同时工作时，它同声功率级为（　　）dB 的 1 台机器工作时的情况相同。

A. 86　　　　　　　B. 90　　　　　　　C. 92　　　　　　　D. 94

6. 离开输出声功率为 2W 的小声源 10m 处的一点上，其声压级大约是（　　）dB。

A. 92　　　　　　　B. 69　　　　　　　C. 79　　　　　　　D. 89

7. 声级计使用的是（　　）传声器。

A. 电动　　　　　　B. 压电　　　　　　C. 电容　　　　　　D. 机械

8. 环境噪声监测不得使用（　　）声级计。

A.I型　　　　　　　B.II型　　　　　　　C.III型　　　　　　　D.IV型

9. 因噪声而使收听清晰度下降的问题，同（　　）现象最有关系。

A. 干涉　　　　　　B. 掩蔽　　　　　　C. 反射　　　　　　D. 衍射

10. 下述有关声音速度的描述中，错误的是（　　）。

A. 声音的速度与频率无关　　　　　　　　B. 声音的速度在气温高时变快

C. 声音的波长乘频率就是声音的速度　　　D. 声音在钢铁中的传播速度比在空气中慢

11. 下列有关噪声的叙述中，错误的是（　　）。

A. 当某噪声级与背景噪声级之差很小时，则使人感到很嘈杂

B. 噪声影响居民的主要因素与噪声级、噪声的频谱、时间特性和变化情况有关

C. 由于各人的身心状态不同，对同一噪声级下的反应有相当大的出入

D. 为保证睡眠不受影响，室内噪声级的理想值为 30dB

12. 锻压机噪声和打桩机噪声最易引起人们的烦恼，在下述理由中错误的是（　　）。

A. 噪声的峰值声级高　　　　　　　　　　B. 噪声呈冲击性

C. 多是伴随振动　　　　　　　　　　　　D. 在声源控制对策上有技术方面的困难

13. 在下列有关建筑施工噪声的叙述中，错误的是（　　）。

A. 因建筑施工噪声而引起的烦恼，相当一部分是施工机械和施工作业的冲击振动产生的固体声引起的

B. 在施工机械和施工作业中，因使用打桩机或破碎机而产生冲击性噪声

C. 在工厂用地内，因建筑施工而引起的噪声必须与工厂噪声规定值相同

D. 风罩用于减少风致噪声的影响和保护传感器，故户外测量时传声器应加戴风罩

14. 下列各项正确的是（　　　）。

A. 噪声测量时段一般分为昼间和夜间两个时段，昼间为18h，夜间为6h

B. 环境噪声测量时，传声器应水平放置，垂直指向最近的反射体

C. 若以一次测量结果表示某时段的噪声，则应测量该时段的最高声级

D. 城市交通噪声监测统计中，平均车流量是各路段车流量的算术平均值

二、填空题

1. 测量噪声时，要求气象条件为：_____、_____、风力_____。

2. 凡是干扰人们休息、学习和工作的声音，即不需要的声音，统称为_____；此外振幅和频率杂乱、断续或统计上无规律的声振动，称为_____。

3. 在测量时间内，声级起伏不大于3dB的噪声视为____噪声，否则称为____噪声。

4. 噪声污染源主要有：工业噪声污染源、交通噪声污染源、_____噪声污染源和_____噪声污染源。

5. 声级计按其精度可分为4种类型，O型声级计是作为实验室用的标准声级计，I型声级计为精密声级计，II型声级计为____声级计，III型声级计为_____声级计。

6. A、B、C计权曲线接近____、70方和100方等响曲线的反曲线。

7. 声级计在测量前后应进行校准，灵敏度相差不得大于_____dB，否则测量无效。

8. 城市区域环境噪声监测时，网格测量法的网格划分方法将拟普查测量的城市某一区域或整个城市划分成多个等大的正方格，网格要完全覆盖住被普查的区域或城市。每一网格中的工厂、道路及非建成区的面积之和不得大于网格面积的____%，否则视为该网格无效。有效网格总数应多于____个。

9. 建筑施工场界噪声限值的不同施工阶段分别为：_____、_____、打桩和_____。

三、简答题

1. 简述如何保养噪声测量仪器。

2. 简述噪声测量仪器的校准过程，并说出注意事项。

3. 试述声级计的构造、工作原理及使用方法。

4. 根据所学内容，自己设计道路交通监测方案，并写出监测报告。

5. 影响噪声测定的因素都有哪些？

6. 声级的计算结果保留到小数点后几位？

参考文献

[1] 王英健，杨永红. 环境监测[M].4 版. 北京：化学工业出版社，2024.

[2] 奚旦立. 环境监测[M].6 版. 北京：高等教育出版社，2024.

[3] 刘德生. 环境监测[M].2 版. 北京：化学工业出版社，2012.

[4] 李弘. 环境监测技术[M].2 版. 北京：化学工业出版社，2023.

[5] 吴邦灿，费龙. 现代环境监测技术[M].3 版. 北京：中国环境科学出版社，2014.

[6] 中国标准出版社第二编辑室. 中国环境保护标准汇编——废气废水废渣分析方法[M]. 北京：中国标准出版社，2001.

[7] 中国标准出版社第二编辑室. 噪声测量或放射性物质测定方法国家标准汇编[M]. 北京：中国标准出版社，1997.

[8] 中国环境监测总站环境水质监测质量保证手册编写组. 环境水质监测质量保证手册[M].2 版. 北京：化学工业出版社，1994.

[9] 国家环保总局水和废水监测分析方法编委会. 水和废水监测分析方法[M].4 版. 北京：中国环境科学出版社，2002.

[10] 空气和废气监测分析方法编委会. 空气和废气监测分析方法[M].4 版. 北京：中国环境科学出版社，2021.

[11] 工业固体废物有害特性试验与监测分析方法编写组. 工业固体废物有害特性试验与监测分析方法[M]. 北京：中国环境科学出版社，1986.

[12] 崔九思. 大气污染监测方法[M]. 北京：化学工业出版社，1997.

[13] 吴鹏鸣. 环境空气监测质量保证手册[M]. 北京：中国环境科学出版社，1989.

[14] 陈玲，赵建夫. 环境监测[M].3 版. 北京：化学工业出版社，2021.

[15] 金朝晖. 环境监测[M]. 天津：天津大学出版社，2007.

[16] 齐文启，孙宗光，边归国. 环境监测新技术[M]. 北京：化学工业出版社，2004.

[17] 周正立，张悦，鲁战明. 污水处理剂与污水监测技术[M]. 北京：中国建材工业出版社，2007.

[18] 张宝军. 水环境监测与评价[M].2 版. 北京：高等教育出版社，2015.

[19] 李倦生，王怀宇. 环境监测实训[M]. 北京：高等教育出版社，2008.

[20] 王怀宇. 环境监测[M]. 北京：化学教育出版社，2023.

[21] 孙宝盛，单金林，邵青. 环境分析监测理论与技术[M].2 版. 北京：化学工业出版社，2007.

[22] 吴忠标. 环境监测[M]. 北京：化学工业出版社，2009.

[23] 马玉琴. 环境监测[M]. 武汉：武汉工业大学出版社，1999.

[24] 环境监测管理和环境质量监测分析方法标准实务全书编委会. 环境监测管理和环境质量监测分析方法标准实务全书[M]. 北京：科学技术文献出版社，1998.